主编
李玉栋

秋冬温情编织

帽子围巾手套

Qiudong
Wenqing Bianzhi
Maozi Weijin Shoutao

辽宁科学技术出版社

·沈阳·

目录

CONTENTS

第 1 章　编织基础知识

003~005

↓

第 2 章　帽子

006~025

↓

第 3 章　围巾

026~053

↓

第 4 章　手套

054~066

↓

第 5 章　套装

067~072

↓

第 6 章　编织方法详解

073~159

第①章

编织基础知识

BIAN ZHI
JI CHU ZHI SHI

一 常用的棒针线材及其特点

毛线：

现在的毛线种类繁多，除了天然纤维的棉、麻、毛线外，还有化学纤维如黏胶（吸湿易染）、涤纶（挺括不皱）、锦纶（结实耐磨）、腈纶（膨松耐晒）、维纶（价廉耐用）、丙纶（质轻保暖）、氨纶（弹性纤维）等，更有将各种用线随意组合搭配，创造了各式花式捻纱，增加了编织的乐趣。使用者可以依据穿着用途来选择用线，编织出自己满意的织品。

目前市面上的各种各色线不管成分如何，都可以从外观上分为两大类：

1. 一般线

分为极细、中细、中粗、粗、特粗、极粗等。

2. 花式特殊线

如一节粗一节细的大肚纱、结粒纱、圈圈纱以及马海毛、金银线、亮片线加以组合的花式线。

钩针编织与棒针编织一样要选用适合自己织品的线材来编织，不同的季节选用不同的线材，夏天热我们就选用棉、麻、丝类，冬天冷就可以选用毛、绒类的。

棒针

线和针的拿法：棒针编织的挂线方式有法国式和美国式两种方法，法国式是将线挂在左手食指上编织，美国式是将线挂在右手食指上编织，两种方法都是将右手棒针从正面插入左手棒针的针套里将线拉出的。

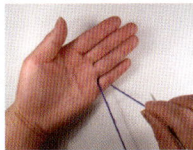

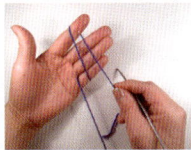

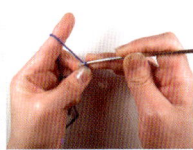

钩针

线和针的拿法：钩针拿针方式：右手大拇指和食指握住钩针扁平部位，中指在钩针的下半部位起支撑作用。

钩针挂线方式：

1. 右手拿着线，顺时针方向在左手小指上绕1圈。

2. 从食指上绕下，右手拇指和中指捏住线头。

☲ 帽子编织的特点

众所周知,帽子用料少,编织速度快,实用性和装饰性都很强,因此备受欢迎。

帽子编织过程主要分为四个步骤,首先是起针,其次是罗纹边的编织,然后是帽子主体的编织,最后是收针、缝合。

☳ 帽子编织的技巧

(一)前期准备工作

1. 如何选用工具和材料

编织帽子的工具分为棒针和钩针两种。选择棒针编织时要考虑毛线的粗细、编织的松紧度和编织物密度的大小。一般 276 型号的羊毛线适合用 6 号或 7 号棒针编织。但这也不是绝对的,因为每个人带线、用针的手劲大小不同,针号差出 1 ~ 2 号也是正常的。除此之外还要考虑编织密度的大小,如果编织较为细密的织物则选用细针,反之,选用粗针。选用钩针时也要注意针和线的搭配,比如 276 型号的羊毛线适合用 4mm 的钩针,216 型号的羊毛线适合用 2mm 的钩针。

如果您是新手,请注意不要使用太细的针,太细的针织的时间会较长;同时,选择的毛线宜为单色线、花线、或渐变色的段染线,不宜选长毛或忽粗忽细的毛线。因为长毛会遮盖针眼,编错了或编漏了不容易辨别,发现后要拆掉也不易,因为长毛会缠绕在一起,并且拆时会掉毛,会使毛线看上去变旧。

2. 如何确定尺寸

编织时,首先要确定帽子的宽度即头围和帽子深度,使用皮尺测量即可。需要注意的是帽子的深度可随意加减,不需要刻意数行数,只要用皮尺量一下或套在头上便知深度是否足够。

儿童帽围大约在 50cm,根据年龄和其他个人情况可增加或者减少 3 ~ 5cm;帽深 15 ~ 18cm,如帽边需向上卷起,可加深 6 ~ 7cm。毛线用量 50 ~ 75g 。

成人帽围大约 55cm,可根据个人情况适当增加或者减少 3 ~ 5cm;帽深 18 ~ 21cm,如帽边需向上卷起,可加深 6 ~ 7cm。毛线用量 85 ~ 150g 。

🧶 手套编织的难点和技巧

手套虽然属于小件，但它的编织难度却不小，特别是分指手套，各指的长度与针数都不同，而且由于每个手指的针数都比较少，却又要织出环形，织起来往返换针很费事。通常说来，大拇指的针数是所有手指中针数最多的，其次是中指，无名指与食指的针数相同，小指的针数最少。

并指手套，虽然少了分指编织的麻烦，但如何将手套顶部织得圆滑，也是一种技巧。为了保证手套顶部比例协调，在织手套顶部时，也可以按照收帽顶方式，将所有针数分成6份，均匀减针，这样织出的手套顶部看上去就非常圆滑自然了。

这几年，颇为流行的半指手套在编织上难度降低了很多，只要掌握好留出大拇指指洞的尺寸，其他部位就很好编织。这种半指手套，由于有一半的手指露在外面，既方便手指活动，又兼顾了手部的保暖，因此大受欢迎。

对初学者而言，为了能成功编织出手套，建议从半指手套开始学习。

半指手套

并指手套

分指手套

第②章

帽子
— MAO ZI —

001
编织图解详见
p073

秋冬温情编织
帽子、围巾、手套

002

编织图解详见
p074

003

编织图解详见
p074

004

编织图解详见
p075

秋冬温情编织
帽子、围巾、手套

005

编织图解详见

p076

006

编织图解详见

p076

007

编织图解详见
p077

秋冬温情编织
帽子、围巾、手套

008

编织图解详见
p078

009

编织图解详见
p079

010

编织图解详见
p080

011

编织图解详见
p080

012

编织图解详见
p081

013

编织图解详见
p082

秋冬温情编织
帽子、围巾、手套

014
编织图解详见
p083

015
编织图解详见
p084

016

编织图解详见
p085

017

编织图解详见
p086

秋冬温情编织
帽子、围巾、手套

018

编织图解详见
p087

019

编织图解详见
p088

020

编织图解详见
p088~089

秋冬温情编织
帽子、围巾、手套

021

编织图解详见
p089~090

022

编织图解详见

p091

023

编织图解详见

p091

秋冬温情编织

帽子、围巾、手套

024

编织图解详见
p092

025

编织图解详见
p093

026
编织图解详见
p094

027
编织图解详见
p095

秋冬温情编织
帽子、围巾、手套

028

编织图解详见
p096

029

编织图解详见
p096

030
编织图解详见
p097

031
编织图解详见
p098

秋冬温情编织
帽子、围巾、手套

032
编织图解详见
p099

033
编织图解详见
p099

第3章

围巾
— WEI JIN —

034
编织图解详见
p100

秋冬温情编织
帽子、围巾、手套

035
编织图解详见
p100

036
编织图解详见
p100

037

编织图解详见
p101

秋冬温情编织
帽子、围巾、手套

038
编织图解详见
p102

039
编织图解详见
p102

040

编织图解详见
p103

041

编织图解详见
p103

秋冬温情编织
帽子、围巾、手套

042
编织图解详见
p104

043
编织图解详见
p104

044

编织图解详见
p105

045

编织图解详见
p105

秋冬温情编织
帽子、围巾、手套

046

编织图解详见

p106

047

编织图解详见

p107

048
编织图解详见
p108

049
编织图解详见
p108

秋冬温情编织
帽子、围巾、手套

050

编织图解详见
p109

051
编织图解详见
p109

052
编织图解详见
p110

秋冬温情编织
帽子、围巾、手套

053

编织图解详见
p110

054

编织图解详见
p111

055
编织图解详见
p111

056
编织图解详见
p112

秋冬温情编织
帽子、围巾、手套

057

编织图解详见
p113

058

编织图解详见
p114

秋冬温情编织
帽子、围巾、手套

059
编织图解详见
p114

060
编织图解详见
p115

061
编织图解详见
p115

062
编织图解详见
p116

063
编织图解详见
p116

064
编织图解详见
p117

065

编织图解详见
p118

066

编织图解详见
p118

067

编织图解详见
p119

068

编织图解详见
p120

069

编织图解详见
p121

070

编织图解详见
p122

071

编织图解详见
p123

072

编织图解详见
p124

073

编织图解详见
p125

秋冬温情编织
帽子、围巾、手套

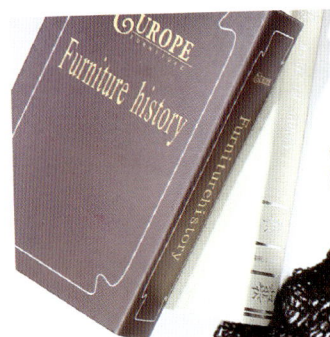

074
编织图解详见
p126

075
编织图解详见
p126

076

编织图解详见
p127

077

编织图解详见
p127

078
编织图解详见
p128

079
编织图解详见
p128

080

编织图解详见
p129

081

编织图解详见
p129

秋冬温情编织
帽子、围巾、手套

082

编织图解详见
p130

083

编织图解详见
p131

第 **4** 章

手套
— SHOU TAO —

084
编织图解详见
p131

085

编织图解详见
p132

086

编织图解详见
p133

087
编织图解详见
p134

088
编织图解详见
p134

089

编织图解详见
p135

090

编织图解详见
p136

091

编织图解详见

p137

092

编织图解详见

p138

秋冬温情编织

帽子、围巾、手套

093

编织图解详见
p139

094

编织图解详见
p140

095
编织图解详见
p141

096
编织图解详见
p141

秋冬温情编织
帽子、围巾、手套

097

编织图解详见
p142

098

编织图解详见
p143

099

编织图解详见
p144

100

编织图解详见
p145

101

编织图解详见
p145

102
编织图解详见
p146

103
编织图解详见
p147

104

编织图解详见
p148

105

编织图解详见
p149

106

编织图解详见
p150

107

编织图解详见
p151

秋冬温情编织
帽子、围巾、手套

第**5**章

套装
— TAO ZHUAN —

108
编织图解详见
p151~152

109

编织图解详见
p153

秋冬温情编织
帽子、围巾、手套

110

编织图解详见
p154~155

111

编织图解详见
p156~157

112
编织图解详见
p157～158

113

编织图解详见
p158~159

114

编织图解详见
p159~160

秋冬温情编织
帽子、围巾、手套

第6章

编织方法详解
— BIANZHI FANGFA XIANGJIE —

【001】

【成品尺寸】帽长 19cm 帽围 54cm

【工　　具】1.5mm 钩针

【材　　料】白色细棉线 60g 咖啡色细棉线 40g 橙色细棉线 10g

【制作过程】

钩针编织主体，2 股咖啡色线从帽顶打圈起钩，起
9 针按花样图解环形钩织长针，钩 6 圈后，织片变
成 108 针，改用 2 股白色线钩花，共 9 组花样，钩
6 圈后，改为 1 股白色线 +1 股橙色线钩 1 圈，再
用 2 股咖啡色线钩 1 圈，第 15 圈起钩 18 组花样，
钩 2 圈白色线，1 圈白色线 + 橙色线，1 圈咖啡色
线后，再钩 5 圈白色线，第 24 圈起，改为咖啡色
线钩短针，钩 216 针，钩 6 行后，主体完成。

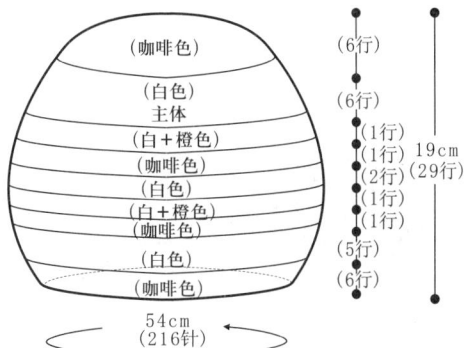

帽子结构图

(咖啡色)	(6行)
(白色) 主体	(6行)
(白+橙色)	(1行)
(咖啡色)	(1行)
(白色)	(2行)
(白+橙色)	(1行)
(咖啡色)	(1行)
(白色)	(5行)
(咖啡色)	(6行)

19cm (29行)

54cm
(216针)

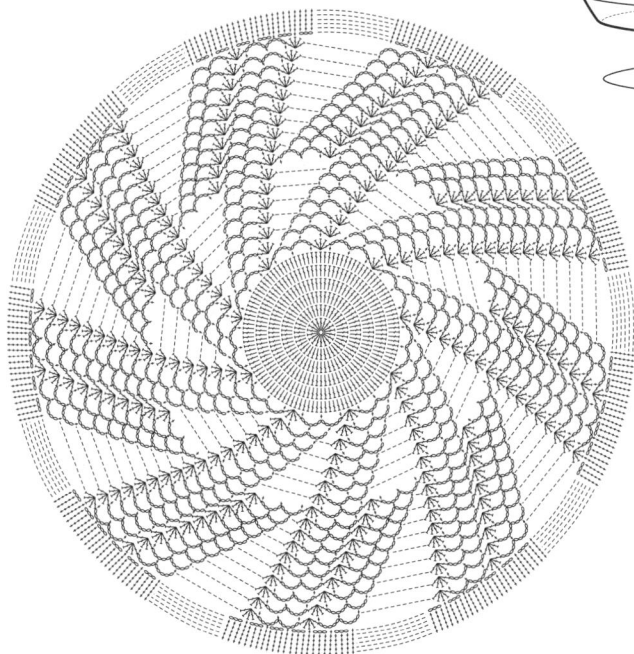

帽子主体花样

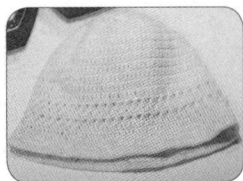

【002】

【成品尺寸】 帽长 25cm　帽围 52cm

【工　　具】 4mm 钩针

【材　　料】 白色 276 型号羊毛线 100g

【制作过程】

1. 从帽顶起针，在 1 个针孔内起 16 针长针，并首尾相连。

2. 帽身全部钩长针。每行均匀加出 16 针，一直加到 96 针。

3. 不加不减针钩到 16cm 后，按图示钩花样。

4. 钩完后用长针钩帽檐。每隔 16 针加 1 针，钩 3.5cm 即可收针。

结构图

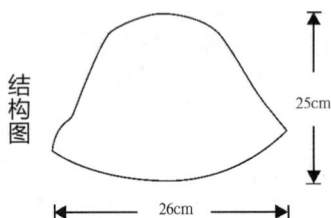

25cm

26cm

花样

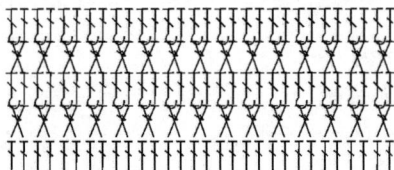

【003】

【成品尺寸】 帽长 23cm　帽围 52cm

【工　　具】 4mm 钩针

【材　　料】 红色 276 型号羊毛线 100g

花样

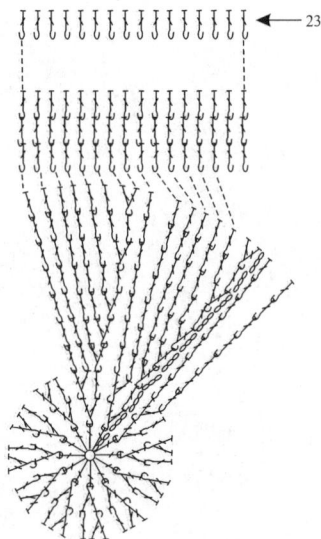

← 23

【制作过程】

1. 在 1 个针孔内起 10 针长针，并首尾相连。

2. 按图示钩法，每行均匀加出 10 针，加到 60 针时，不加不减针重复钩 1 行；加到 70 针、80 针时也分别这样处理。

3. 不加不减针钩到 18cm 后，开始钩帽檐，帽檐用短针完成。

4. 帽檐钩法：每行均匀加出 10 针，一直加到 120 针，不加不减针钩 5cm。

结构图

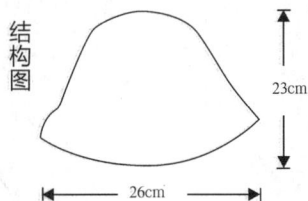

23cm

26cm

【004】

【成品尺寸】 帽长 21cm 帽围 46cm

【工　　具】 10 号棒针

【材　　料】 白色粗棉线 90g 咖啡色粗棉线 20g

【制作过程】

1. 棒针编织主体,白色线起 56 针按花样图解环形编织,织 4 行单罗纹后,改织花样,织至 32 行,第 33 行起按图解所示方法减针,织至 21cm,余下 14 针,用线尾将针数束状收紧。

2. 用咖啡色线编织蝴蝶结,起 12 针织下针,不加减针织 24 行后,收针,将织片两端缝合于帽围合适位置,中间绑系成蝴蝶结。

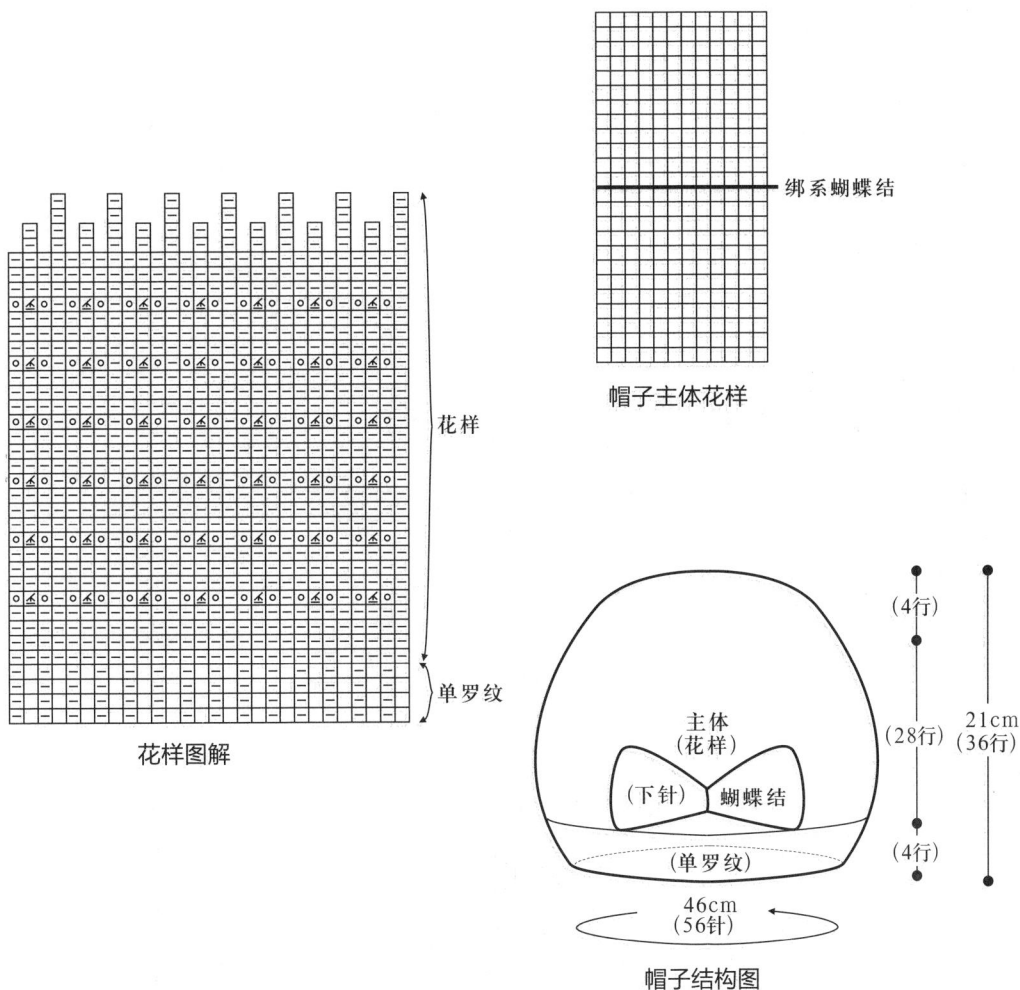

花样

单罗纹

花样图解

——绑系蝴蝶结

帽子主体花样

主体
(花样)

(下针)　蝴蝶结

(单罗纹)

(4行)

(28行)

(4行)

21cm
(36行)

46cm
(56针)

帽子结构图

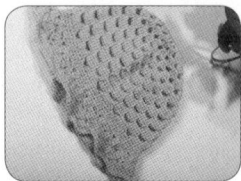

【005】

【成品尺寸】 帽长 25cm 帽围 52cm

【工 具】 4mm 钩针

【材 料】 粉红色 276 型号羊毛线 100g

花样

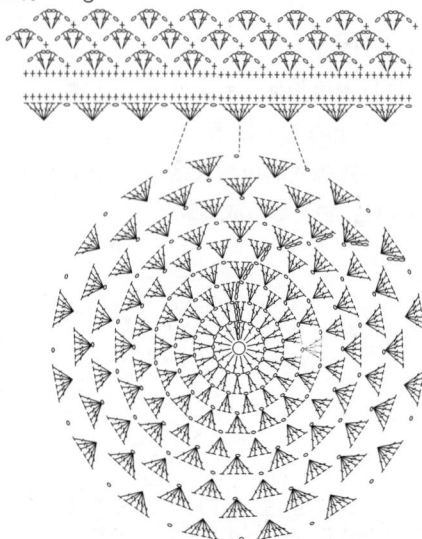

【制作过程】

1. 在 1 个针孔内起 16 针长针，并首尾相连成圈。

2. 按图示花样编织。

3. 注意短针部分要均匀减掉 4 针。

结构图

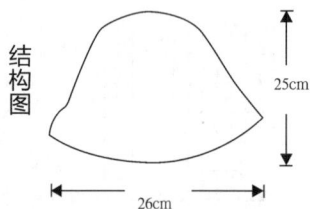

25cm

26cm

【006】

【成品尺寸】 帽长 24cm 帽围 52cm

【工 具】 3mm 钩针

【材 料】 粉红色 216 型号羊毛线 110g

花样 A

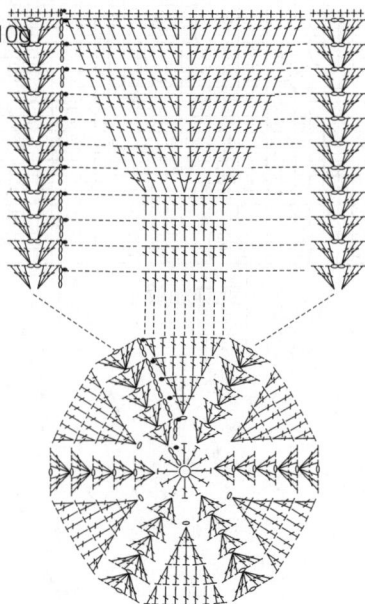

【制作过程】

1. 从帽顶起针，在 1 个针孔内起 12 针长针，按花样 A 所示钩织。

2. 按花样 B 所示钩装饰花缝在帽子上。

花样 B

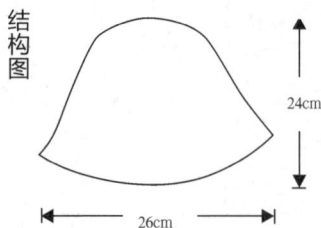

结构图

24cm

26cm

【007】

【成品尺寸】帽长 25cm 帽围 39cm

【工　　具】10 号棒针

【材　　料】浅红色羊毛绒线 300g

【制作过程】

1. 按编织方向，以机器边的起针方式起 80 针，织成圈，先织 4cm 双罗纹后，改织花样，织 17cm 时再改织 4cm 双罗纹，收针断线。

2. 制作两个毛线绒球，用双线绕 70 圈，用线在中间扎紧，修剪成球状，做成直径 6cm 的绒球，编织一根带子，把两个绒球连结，穿到帽子的顶部双罗纹处，并打皱褶抽紧即可。毛线帽子编织完成。

帽片

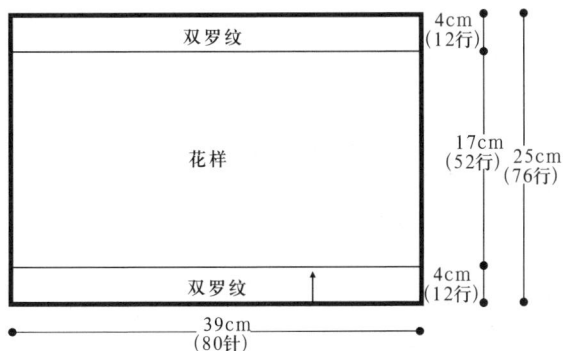

成品帽子

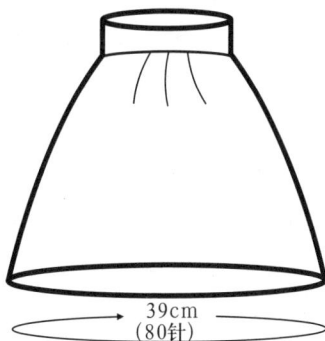

花样

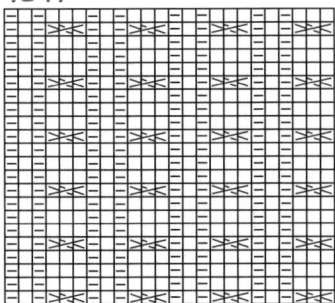

双罗纹

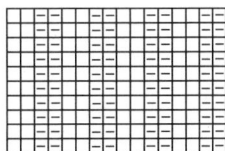

【008】

【成品尺寸】帽长 23cm 帽围 52cm

【工　　具】4mm 钩针

【材　　料】白色 276 型号羊毛线 120g

【制作过程】

1. 在 1 个针孔内起 18 针长针，并首尾相连。

2. 按花样所示加针并编织花样，直到 18cm。

花样 A

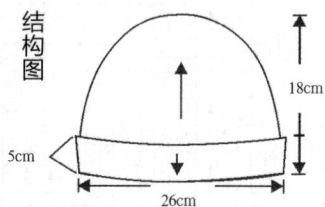

结构图

18cm

5cm

26cm

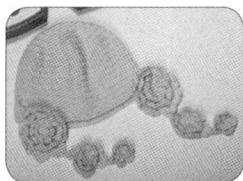

【009】

【成品尺寸】帽长 22cm 帽围 52cm

【工　　具】2mm 钩针

【材　　料】黄色七彩绒线 110g

【制作过程】

1. 按花样 A 所示钩帽子主体，帽子主体部分都钩长针，从帽顶起针，在 1 个针孔内起 16 针长针，并首尾相连成圈。

2. 每行都均匀加出 16 针，一直加到 112 针。

3. 不加不减针钩到所需长度。

4. 按花样 B 所示钩花连接到帽子两侧作为装饰。

花样 A

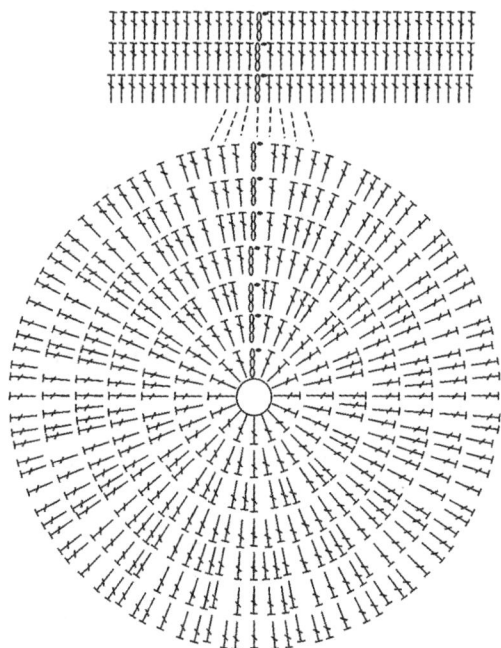

结构图

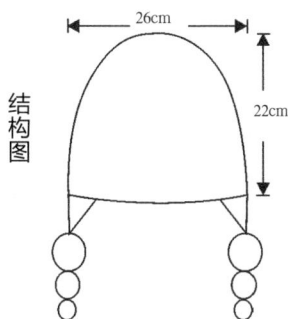

花样 B

第 1 朵花钩法不变，第 2 朵花比第 1 朵花少钩外面
1 层，第 3 朵花比第 1 朵花少钩外面 2 层

花样

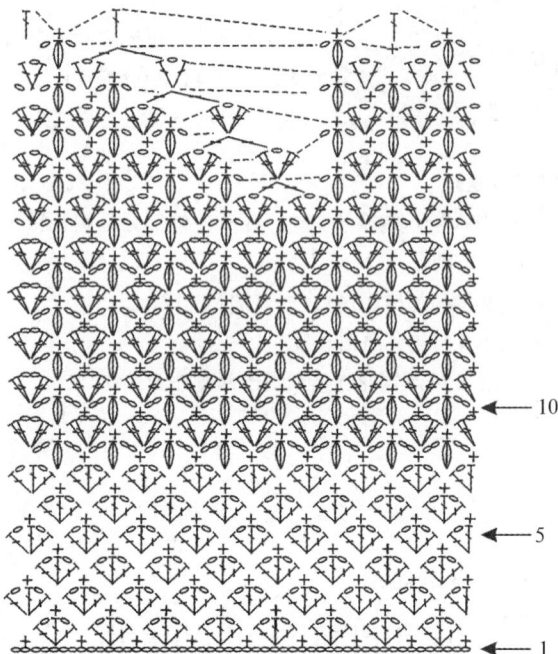

← 10

← 5

← 1

【010】

【成品尺寸】 帽长 20cm　帽围 52cm

【工　　具】 4mm 钩针

【材　　料】 深灰色 276 型号羊毛线 90g
白色 276 型号羊毛线 20g

【制作过程】

按图示编织即可。

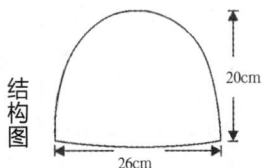

结
构
图

20cm

26cm

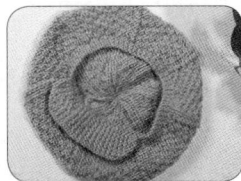

【011】

【成品尺寸】 帽长 25cm　帽围 52cm

【工　　具】 6 号棒针　7 号棒针

【材　　料】 米白色 276 型号羊毛线 130g

【制作过程】

1. 用 7 号棒针，按编织方向，起 104 针，织成圈，并织 2cm 单罗纹。

2. 换 6 号棒针改织花样。

3. 织帽檐：用 6 号棒针从底边挑针织，在 30 针的范围挑出 40 针，每隔 1 行分别在两侧减掉 1 针，织到 4cm 时收针。

按图示减针

成品帽子结构图

单罗纹

花样　　　　　　单罗纹

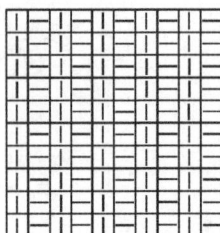

52cm（104 针）

结构图

23cm
（50 行）

花样

2cm
（5 行）

单罗纹

【012】

【成品尺寸】 帽长 19cm 帽围 38cm
【工　　具】 10 号棒针
【材　　料】 紫色羊毛绒线 300g

【制作过程】

1. 按编织方向，以一上针一下针的起针方式起 84 针，织成圈，先织 2cm 单罗纹后，改织全下针。

2. 同时把针数分成 8 份，每份隔一行减 1 针，减 8 次，直到剩下 20 针，织 1 行平针。

3. 把剩余的 20 针用线穿起，并抽紧即可。毛线帽子编织完成。

成品帽子

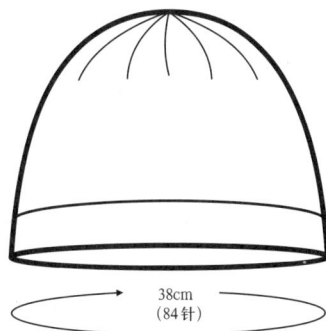

帽片

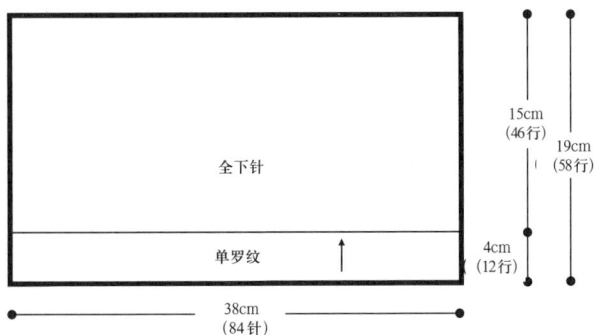

15cm
(46行)

19cm
(58行)

全下针

单罗纹

4cm
(12行)

38cm
(84针)

38cm
(84针)

单罗纹

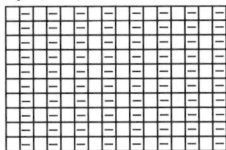

全下针

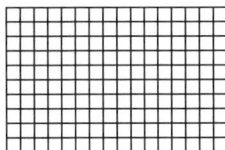

【013】

【成品尺寸】帽高 18cm 帽围 45cm

【工　　具】10 号棒针

【材　　料】段染羊毛线 200g

【密　　度】10cm² = 30 针 × 40 行

【制作过程】

帽子横向编织。(1) 从左边织起，用下针起针法，起 10 针片织花样。

(2) 按花样加针，至 54 针时不加不减织 68 行，开始减针，把之前的针数减掉剩 10 针，上针断线。

(3) 把 A 与 B 缝合后，开始编织帽顶，帽顶挑 66 针，织花样，并在花样的上针处每 2 行减 1 针，织 12 行共减 60 针，余 6 针，用线穿起即可。帽子编织完成。

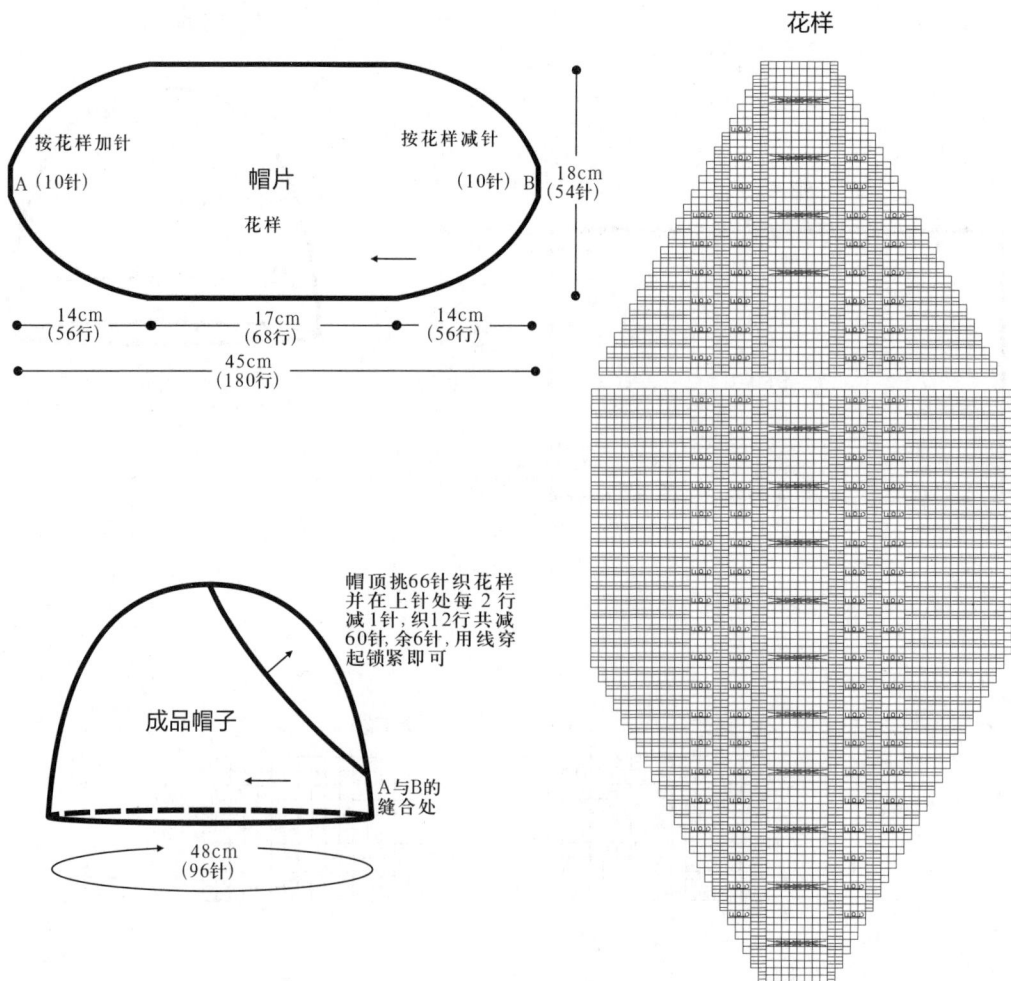

花样

按花样加针　　　　　　　按花样减针

A（10针）　帽片　　　（10针）B

花样

18cm
（54针）

14cm（56行）　17cm（68行）　14cm（56行）

45cm（180行）

帽顶挑66针织花样并在上针处每2行减1针，织12行共减60针，余6针，用线穿起锁紧即可

成品帽子

A与B的缝合处

48cm（96针）

【014】

【成品尺寸】 帽长 24cm 帽围 52cm

【工　　具】 4mm 钩针

【材　　料】 深咖啡色 276 型号羊毛线 65g 米色 276 型号羊毛线 45g

【制作过程】

1. 从帽顶起针，在 1 个针孔内起 6 针短针，并首尾连成圈。

2. 每行都均匀加出 6 针，一直加到 96 针。

3. 不加不减针钩到 20cm。

4. 钩帽檐：第 1 行每隔 6 针加 1 针，第 2 行不加不减；第 3 行每隔 8 针加 1 针，第 4~9 行不加不减。最后用黑色线钩 1 行逆短针。

5. 配色方法：第 1~6 行用米色线；此后每 4 行换一种颜色的羊毛线。钩完 3 道米色条纹后，用咖啡色羊毛线钩到所需尺寸。

结构图

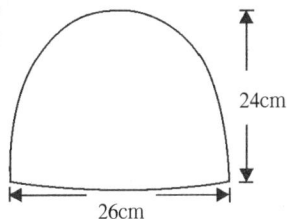

花样

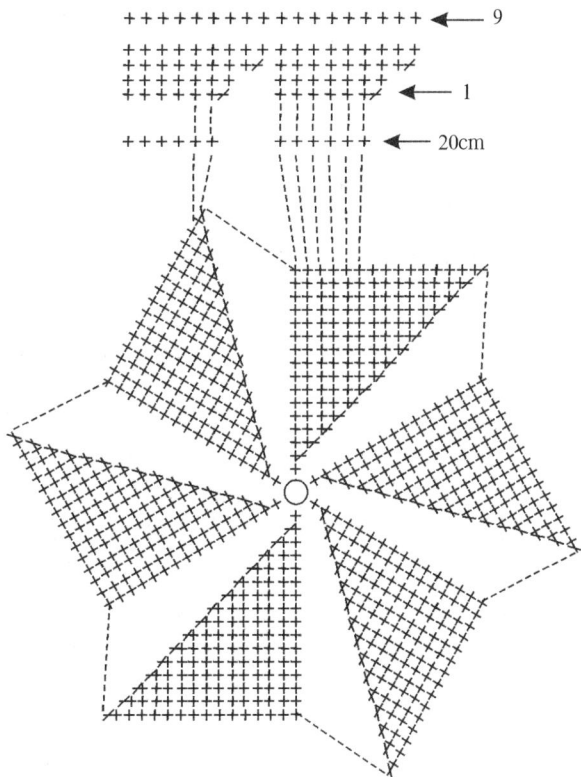

【015】

【成品尺寸】帽长20cm 帽围52cm

【工　　具】2mm钩针

【材　　料】米色216型号羊毛线90g

【制作过程】

1. 帽子主体部分都钩长针，从帽顶起针，在1个针孔内起16针长针，首尾相连成圈。

2. 按花样图所示进行编织。

3. 按花样图钩装饰花，将钩好的织片从底边抽紧缝合在帽子上。

花样

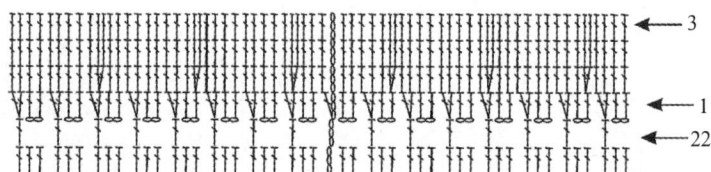

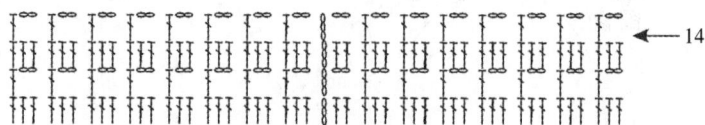

← 3

← 1

← 22

← 14

结构图

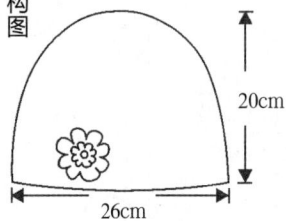

20cm

26cm

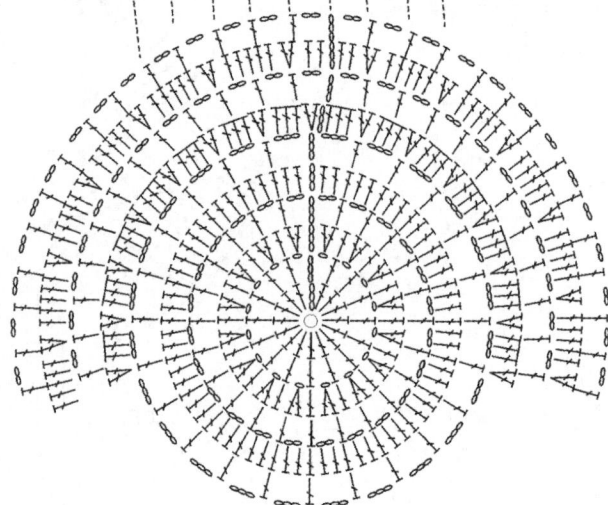

【016】

【成品尺寸】帽长 24cm 帽围 52cm

【工　　具】6 号棒针　毛衣缝合针

【材　　料】白色 276 型号羊毛线 100g

【密　　度】10cm²=21 针 ×32 行

【制作过程】

1. 用 6 号棒针按编织方向起 52 针，其中有 35 针按花样 A 所示织花样，17 针按花样 B 所示织花样。

2. 按款式图编织帽子的主体形状，然后将 A 与 B 缝合。

结构图

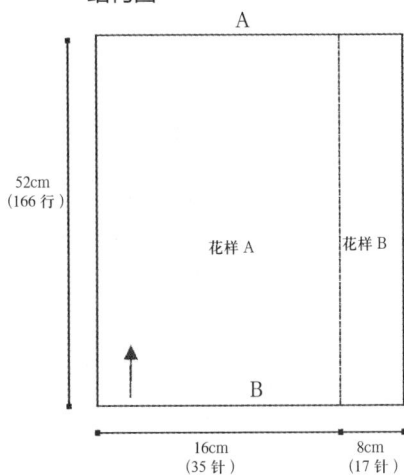

A

52cm
（166 行）

花样 A

花样 B

B

16cm
（35 针）

8cm
（17 针）

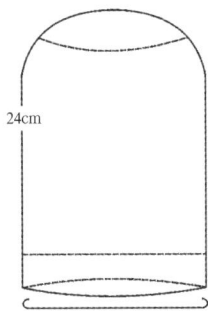

24cm

成品帽子结构图

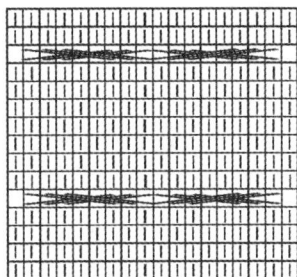

花样 B

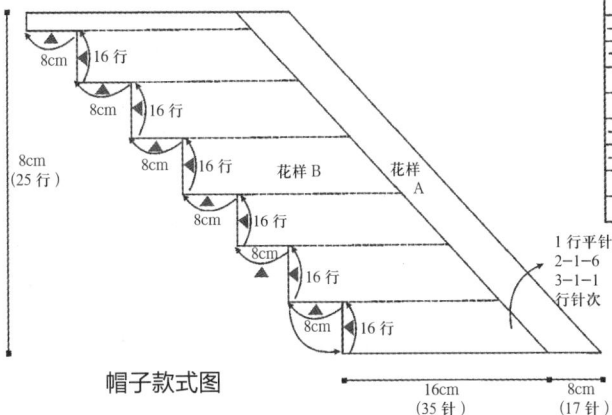

8cm　16 行

8cm　16 行

8cm　16 行

8cm
（25 行）

8cm　16 行

花样 B

花样
A

8cm　16 行

8cm　16 行

1 行平针
2-1-6
3-1-1
行针次

帽子款式图

16cm
（35 针）

8cm
（17 针）

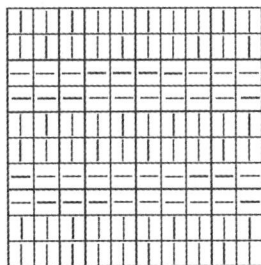

花样 A

【017】

【成品尺寸】 帽长 21cm 帽围 52cm

【工　　具】 6 号棒针 7 号棒针

【材　　料】 浅蓝色 276 型号羊毛线 120g

【密　　度】 10cm²=20 针 ×28 行

【制作过程】

1. 用 7 号棒针按 2 上针 2 下针方式起 104 针，织双罗纹 3cm。

2. 换 6 号棒针按图示织花样。

3. 织到 18cm 后开始减针。减针方法：第 1 行将所有的上针按 2 针并 1 针的方法减掉 26 针，第 2 行按对应的上下针编织，第 3 行将所有的下针按 2 针并 1 针的方法减掉 26 针。

4. 抽紧针上所有的线套即可。

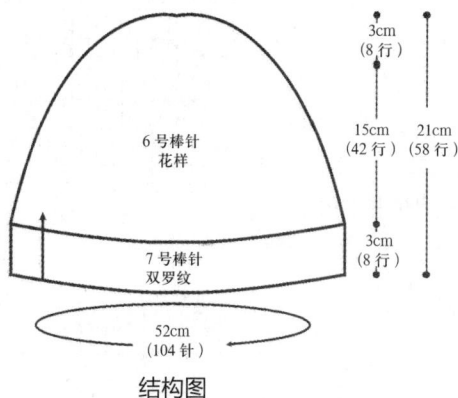

结构图

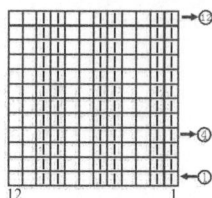

双罗纹

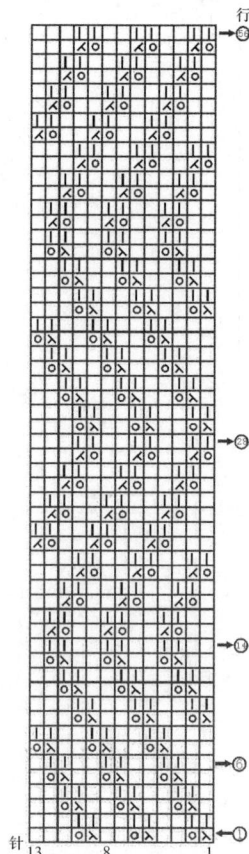

花样

【018】

【成品尺寸】 帽高 21cm 帽围 41cm

【工　　具】 10 号棒针

【材　　料】 红色、白色羊毛线各 100g

【密　　度】 10cm² =18 针 ×26 行

【制作过程】

1. 从帽沿织起，用机器边起针法，起 74 针环织。

2. 先织 5cm 双罗纹，然后改织花样，并配色，共需织 16cm，最后一行织完后，用线把所有针数抽紧，形成帽子。

3. 用红色线双线绕 70 圈，用线在中间扎紧，剪成球状，做成直径 6cm 的绒球，缝合到帽子的顶部。帽子编织完成。

帽片

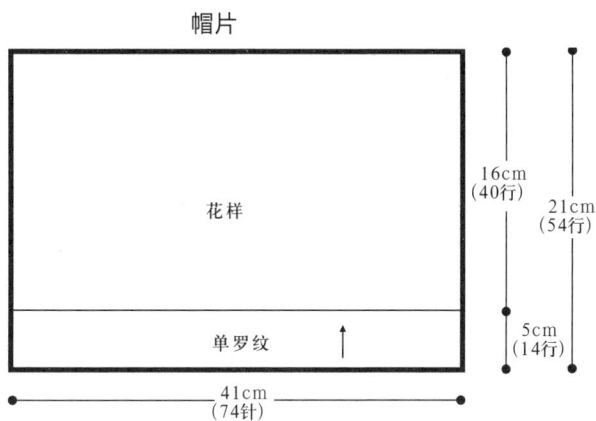

花样

16cm
(40行)

21cm
(54行)

单罗纹

5cm
(14行)

41cm
(74针)

双罗纹

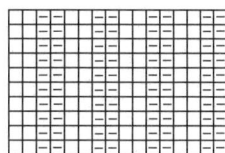

成品帽子

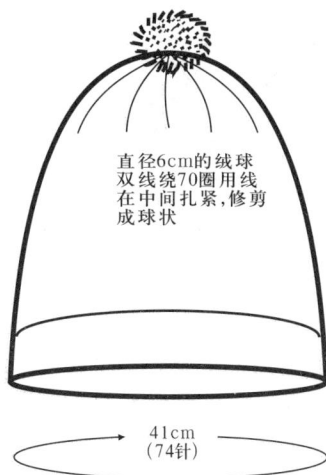

直径6cm的绒球
双线绕70圈用线
在中间扎紧，修剪
成球状

41cm
(74针)

花样

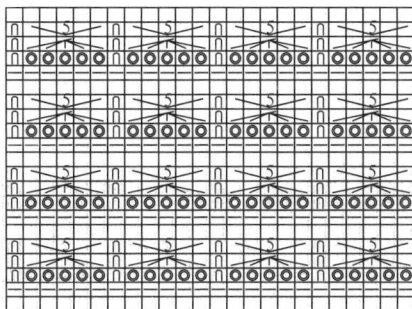

【019】

【成品尺寸】帽长 22cm 帽围 52cm

【工　　具】3mm 钩针

【材　　料】浅蓝色 216 型号羊毛线 80g

花样

【制作过程】

1. 从帽顶起针，在 1 个针孔内起 12 针长针，按花样图所示加针钩织，一直钩到 17cm 长。

2. 按花样图所示从帽子的反面钩花边 5cm 长。

3. 将花边朝外卷起成帽边。

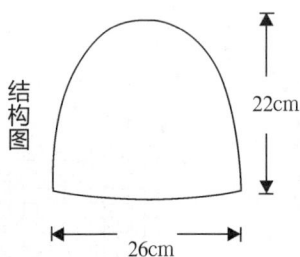

结构图

22cm

26cm

【020】

【成品尺寸】帽长 22cm 帽围 52cm

【工　　具】4mm 钩针

【材　　料】紫色七彩貂绒线 75g 白色七彩貂绒线 100g

【制作过程】

1. 用紫色七彩貂绒线从帽顶起针，在 1 针孔中起长针 20 针，并首尾相连成圈。

2. 按花样 A 所示编织，第 2 ~ 6 行钩长针，每行均匀加出 20 针，一共加至 140 针。

3. 不加不减针钩至 17cm。

4. 按花样 B 所示，换白色七彩貂绒线钩交叉长针 8cm。

5. 钩普通长针 10cm 后开始减针，每行分别减 20 针。

6. 剩下 20 针抽紧，并处理好线头即可。

花样 A

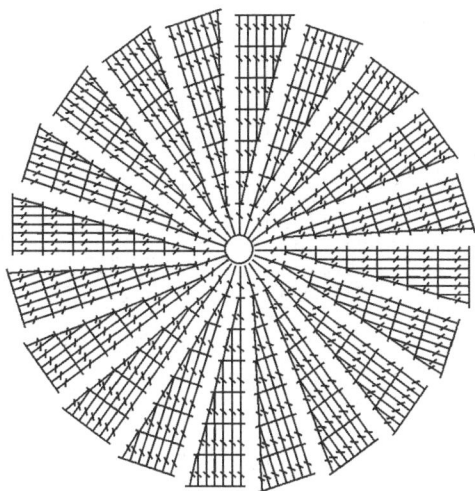

结构图

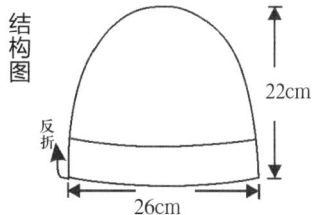

反折

22cm

26cm

花样 B

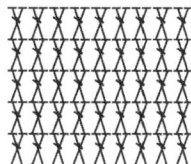

【021】

【成品尺寸】 帽子高 22cm 帽围 46cm 护耳长 11cm

【工　　具】 7 号棒针 4cm 绒球绕线器

【材　　料】 蓝色中粗棉线 40g 绿色中粗棉线 30g 黄色中粗棉线 30g

【密　　度】 10cm² = 17 针 × 18.2 行

【制作过程】

1. 从护耳向帽顶棒针编织，先织护耳，蓝色线起 2 针，按花样图解编织，一边织一边两侧按每 2 行加 1 针加 9 次的方法加针，织至 11cm，同样的方法织另一护耳，第 21 行起织帽围，前后檐各加起 19 针，共 78 针环形编织，如图解所示，帽围共织 6 组花样，不加减针织至 28 行，改为绿色线编织，织至 46 行，改为黄色线编织，织至 52 行，第 53 行起，按图解所示减针，织至 60 行，余下 34 针，用线尾串起收紧。

2. 蓝色线编织 2 条长约 30cm 长的辫子，系于护耳底部。

3. 利用绒球绕线器，制作 2 个蓝色绒球，分别缝合于帽子护耳辫子，制作 1 个黄色绒球，缝合于帽顶。

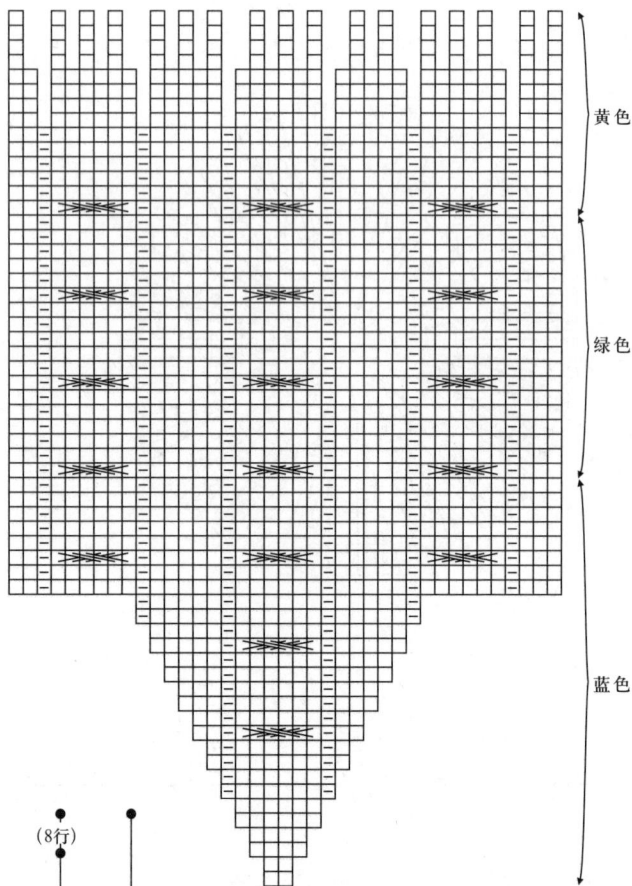

帽子结构图

(黄色)
绒球

(黄色)(花样)

(绿色)(花样)
主体

(蓝色)(花样)

护耳   护耳

46cm
(78针)

(黄色)
绒球

(黄色)
绒球

(8行)

22cm
(40行)

(32行)

11cm
(20行)

黄色

绿色

蓝色

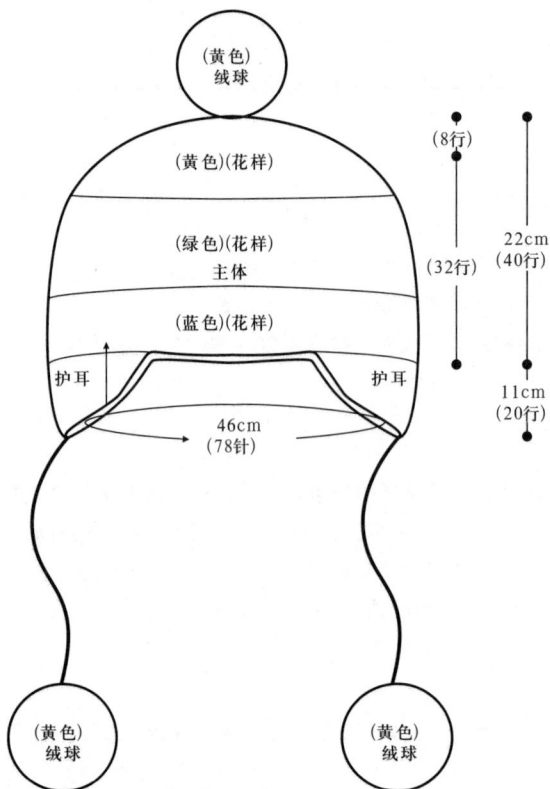

帽子主体（左 / 右片）

结构图

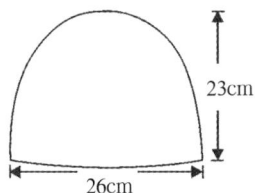

23cm

26cm

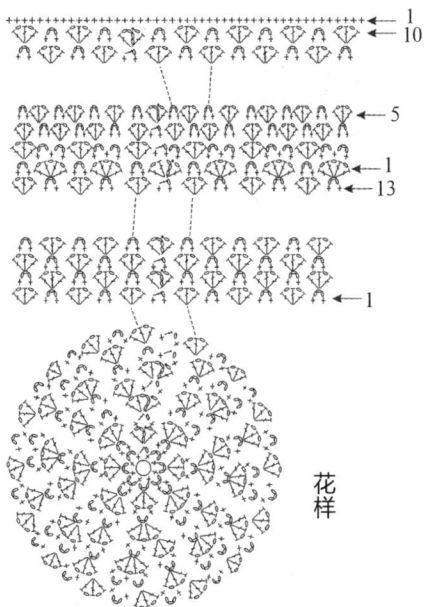

花样

【022】

【成品尺寸】 帽长 23cm 帽围 52cm

【工　　具】 4mm 钩针

【材　　料】 白色 276 型号羊毛线 120g

【制作过程】

从帽顶起针，按图示方法编织。

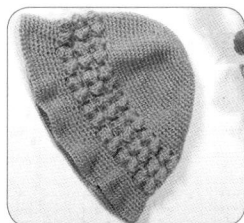

【023】

【成品尺寸】 帽长 26cm 帽围 52cm

【工　　具】 4mm 钩针

【材　　料】 浅灰色 276 型号羊毛线 120g

【制作过程】

1. 从帽顶起针，在 1 个针孔内钩出 6 针短针，首尾相连成圈。

2. 每行均匀加出 6 针，一直加到 102 针。

3. 织到 13cm 后，再均匀加出 6 针，使总针数达到 108 针，然后按图示钩花样。

4. 钩完花样钩帽檐。每行分散加出 4 针，钩 6cm 收针。

结构图

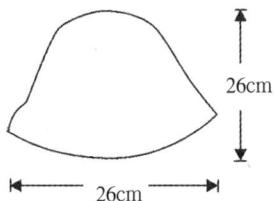

26cm

26cm

花样

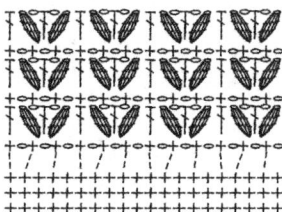

【024】

【成品尺寸】 帽子高 23cm 帽围 46cm

【工　　具】 10 号棒针

【材　　料】 红色粗棉线 90g

【密　　度】 10cm^2=15.2 针 × 17.4 行

【制作过程】

1. 棒针编织主体，起 78 针按花样图解环形编织，织 4 行单罗纹后，改织花样，织至 26 行，帽围后面留起两处各 8 针作为耳朵孔，次行同一位置分别加起 8 针，织至 36 行，按图解所示方法减针，织至 40 行，余下 48 针，用线尾将针数束状收紧。

2. 沿帽围后面留起的耳朵孔位置，挑针起织耳朵，挑起 16 针，环织下针，一边织一边两侧减针，如图所示，织 8 行后余下 4 针，收针断线。

帽子结构图

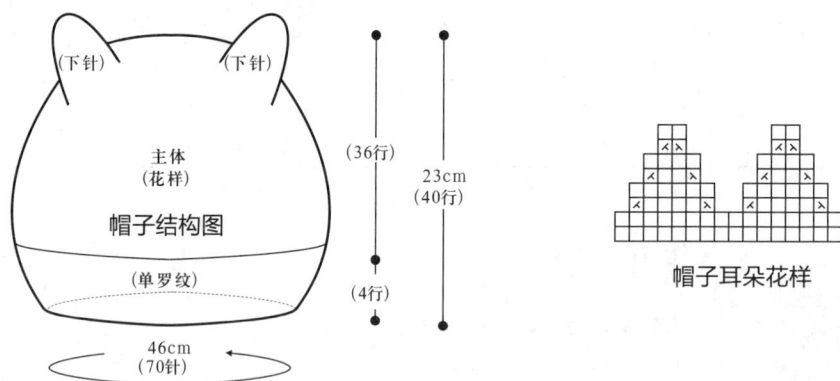

帽子耳朵花样

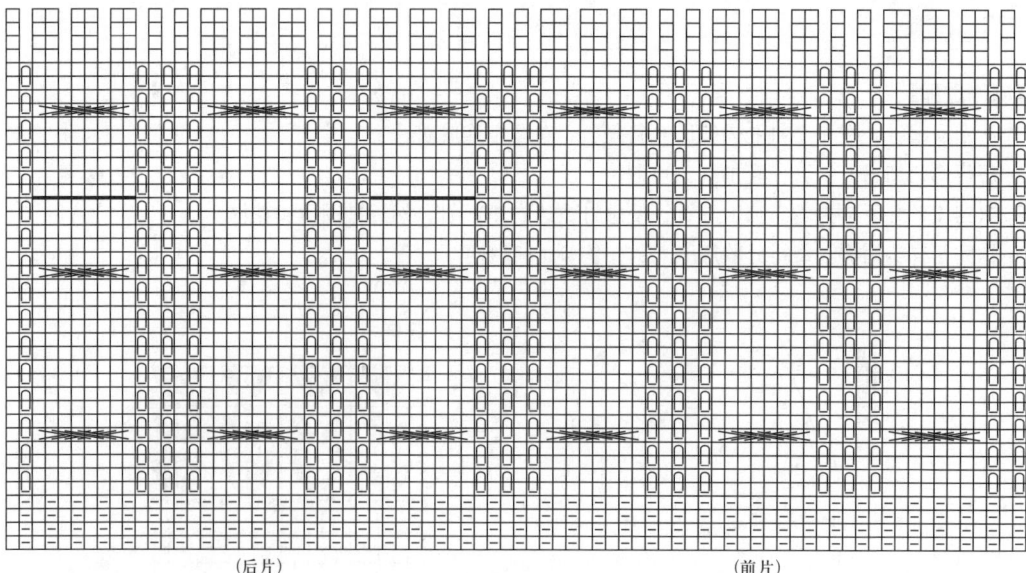

帽子主体花样

【025】

【成品尺寸】 帽子高 23cm　帽围 40cm

【工　　具】 10 号棒针　4cm 绒球绕线器

【材　　料】 红色、黄色粗棉线各 40g　蓝色、灰色粗棉线各 10g

【密　　度】 10cm² = 13.5 针 × 20.9 行

【制作过程】

1. 棒针编织主体，红色线起 54 针按花样图解往返编织，织 8 行下针后，第 9 行起改为环形编织，红、黄、蓝、灰、红色线分别编织 6 行花样 B，第 39 行起改用黄色线织下针，按图解所示方法减针，织至 48 行，余下 24 针，用线尾将针数束状收紧。

2. 红色线在帽子后檐位置编织 2 条细辫子，约 8cm 长，如结构图所示，杂色线制作 3 个绒球，缝合于辫子末端及帽顶。

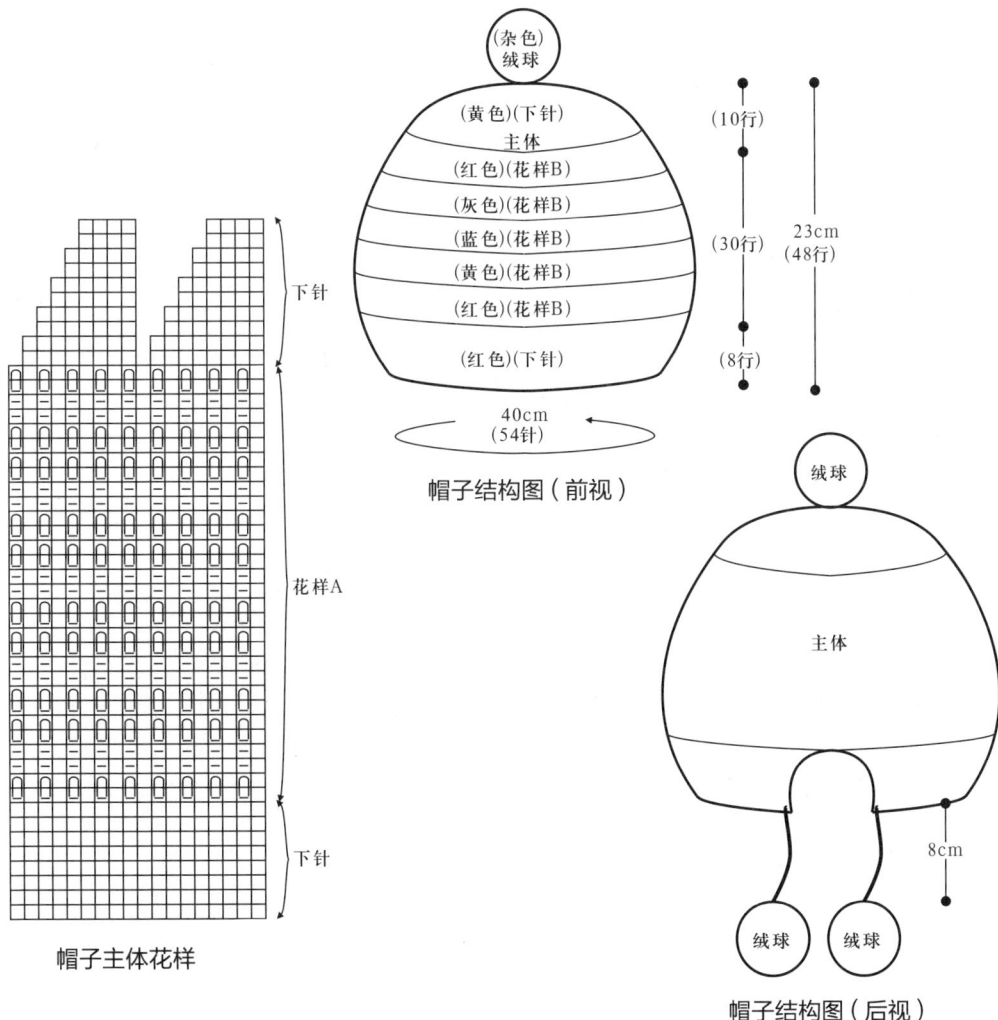

（杂色）
绒球

（黄色）（下针）
主体
（红色）（花样B）
（灰色）（花样B）
（蓝色）（花样B）
（黄色）（花样B）
（红色）（花样B）
（红色）（下针）

（10行）

（30行）

23cm
（48行）

（8行）

40cm
（54针）

帽子结构图（前视）

下针

花样A

下针

帽子主体花样

绒球

主体

绒球

8cm

绒球　　绒球

帽子结构图（后视）

【026】

【成品尺寸】 帽长 17cm 帽围 44cm

【工　　具】 10 号棒针

【材　　料】 灰色羊毛绒线 300g

【密　　度】 10cm² = 22 针 × 30 行

【制作过程】

1. 按编织方向，全下针的起针方式起 96 针，织成圈，先织 4cm 全下针后，改织花样。

2. 再织到 32 行时，把针数分成 8 份，每份减 2 针，减 4 次，直到剩下 32 针，织 1 行平针。

3. 把剩余的 32 针用线穿起，并抽紧即可。毛线帽子编织完成。

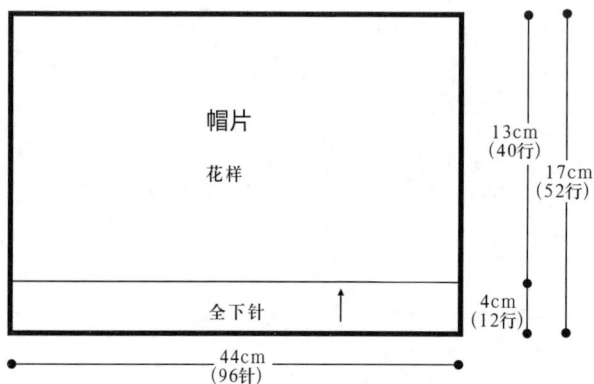

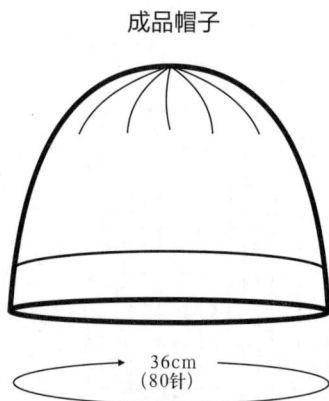

成品帽子

花样

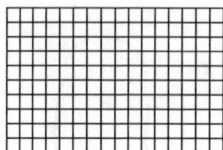

全下针

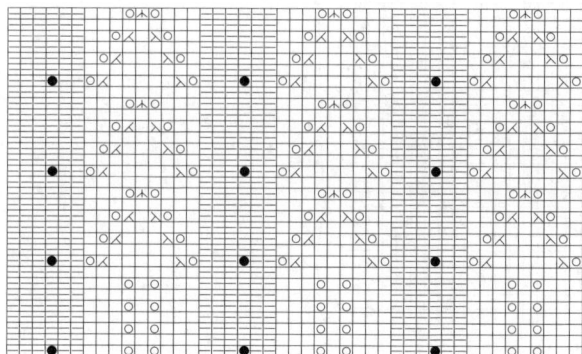

【027】

【成品尺寸】帽子高 21cm 帽围 38cm

【工   具】2.5mm 钩针 5cm 绒球绕线器

【材   料】白色、咖啡色粗棉线各 30g 蓝色、红色粗棉线各 20g

【密   度】$10cm^2$=14.7 针 ×8 行

【制作过程】

1. 钩针编织主体，用咖啡色线从帽顶打圈起钩，起 8 针按花样图解环形钩织，第 2 圈 16 针，第 3 圈 24 针，第 4 圈改用红色线钩 32 针，第 5 圈钩 40 针，第 6 圈改用白色线钩 48 针，第 7 圈 56 针，不再加减针，8~11 圈咖啡色线钩织，12~14 圈蓝色线钩织，15~17 圈白色线钩织。

2. 咖啡色线制作 1 个绒球，缝合于帽顶。

帽子结构图

(咖啡色)
绒球

(咖啡色)

(红色)

(白色)

主体

(咖啡色)

(蓝色)

(白色)

(3行)

(2行)

(2行)

(4行)

(3行)

(3行)

21cm
(17行)

38cm
(56针)

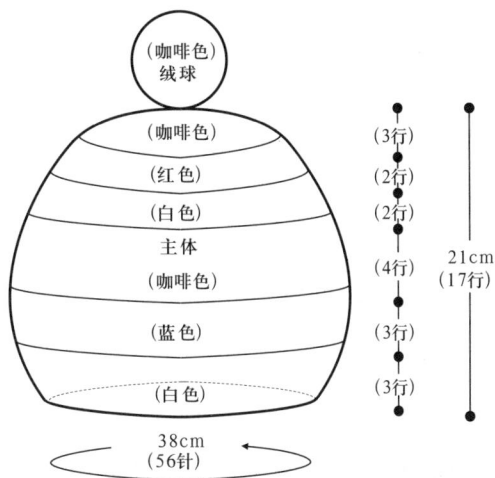

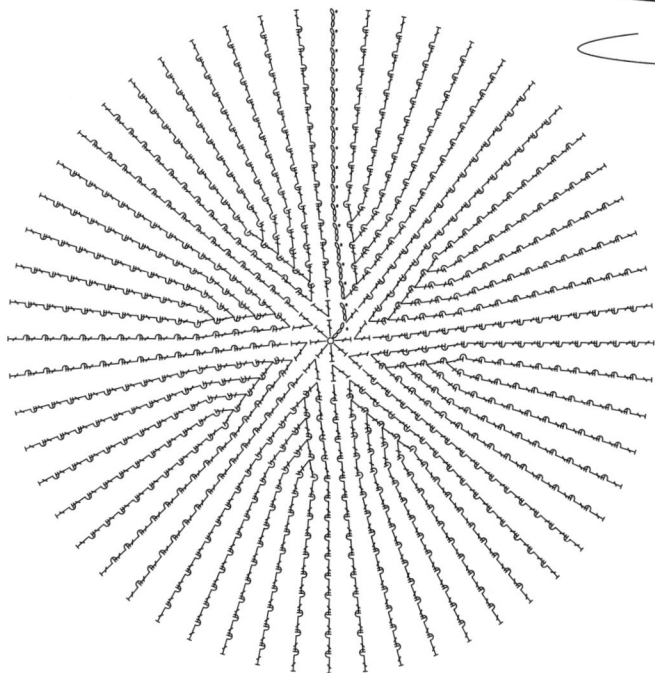

帽子主体花样

【028】

【成品尺寸】 帽长 20cm　帽围 52cm

【工　　具】 4mm 钩针

【材　　料】 灰色 276 型号羊毛线 100g

【制作过程】

1. 按图示先钩花块，一共钩 10 个，连接成圈。

2. 从每个花块上挑起 10 个长针，按图示方法边钩边减，形成帽顶。

3. 在花块的另一侧也按每个花块挑起 10 个长针的方法，共挑出 120 针，钩 2 行，然后钩短针，每行均匀减掉 12 针，减 2 次，剩下 96 针即可。

花样

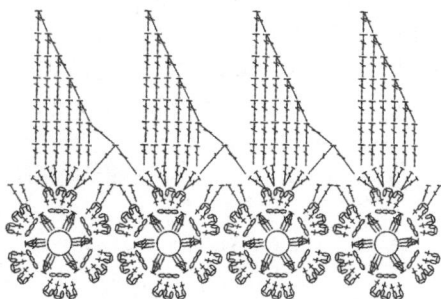

结构图

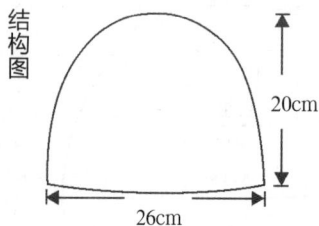

20cm

26cm

【029】

【成品尺寸】 帽长 24cm　帽围 52cm

【工　　具】 4mm 钩针

【材　　料】 藏蓝色 276 型号羊毛线 11(

黑色 276 型号羊毛线 5g

结构图

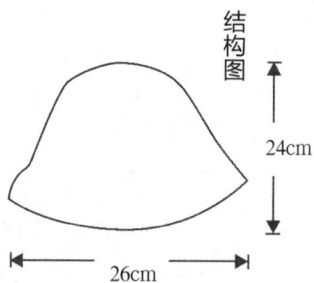

24cm

26cm

【制作过程】

1. 从帽顶起针，在 1 个针孔内起 6 针短针，并首尾连成圈。

2. 每行都均匀加出 6 针，一直加到 96 针。

3. 不加不减针钩到 20cm。

4. 钩帽檐：第 1 行每隔 6 针加 1 针，第 2 行不加不减，第 3 行每隔 8 针加 1 针，第 4~9 行不加不减。最后用黑色线钩 1 行逆短针。

5. 按花样图示用藏蓝色线钩装饰花缝在帽子上，花朵的最后 1 圈用黑色线钩。

花样

【030】

【成品尺寸】帽长 18cm 帽围 43cm
【工　　具】10 号棒针
【材　　料】红色羊毛绒线 300g
【密　　度】10cm²=22 针 ×28 行

【制作过程】

1. 先织一个长方形的帽顶，按编织方向下针起针法起 30 针，织双罗纹，织至 96 行时收针断线。

2. 分别在长方形的两个长边挑 74 针，织花样 A，并按花样 A 2 针并 1 针，织 4 行并 1 次，织 16 行时余 16 针，用线抽紧，自然形成帽子。

3. 在帽沿挑 94 针，织 5cm 花样 B。帽子编织完成。

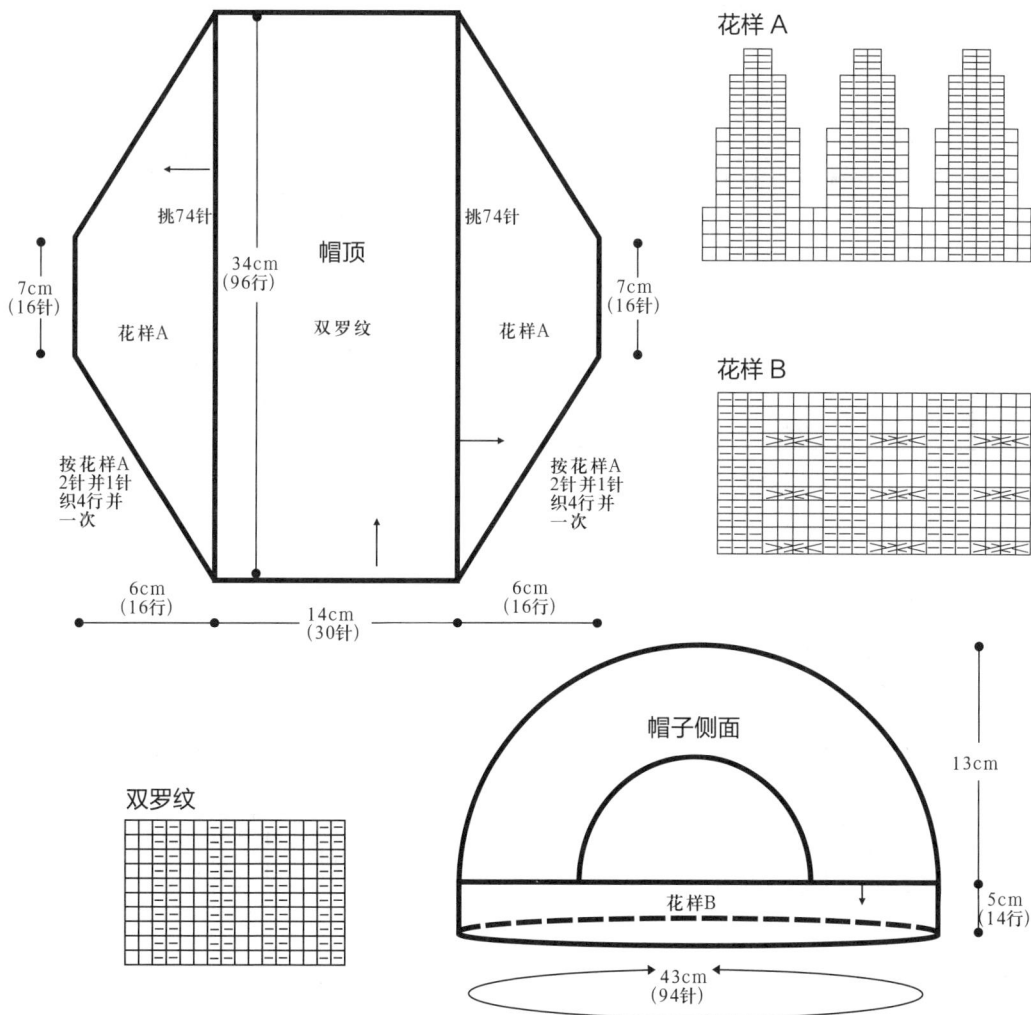

【031】

【成品尺寸】 帽高 20cm 帽围 39cm

【工　　具】 10 号棒针

【材　　料】 红色、白色羊毛线各 150g

【密　　度】 10cm² = 20 针 × 28 行

【制作过程】

1. 从帽顶起织，首先起 8 针，织 16 行，然后从左边挑起 8 针，织 16 行。

2. 重复上面的动作，共织 8 片。

3. 把织片翻转，挑 8 针上针，织 16 行（每一行的最后一针，与相邻的那一片的第一针合并）。

4. 同样织 8 片，翻转织 8 片，再翻转再织 8 片，如此重复，直至帽子深度适中。

5. 编织好以上步骤，在每片之间的缺口补齐。

6. 继续编织帽沿，改织 8 行单罗纹，收针断线。帽子编织完成。

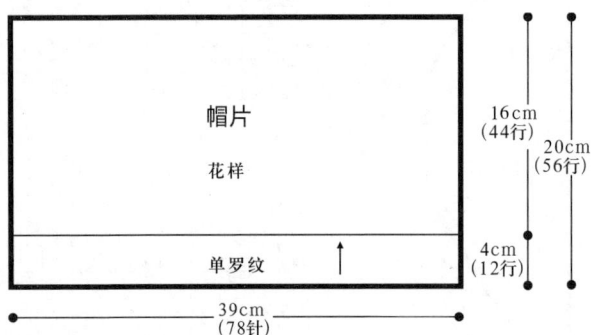

帽片

花样

单罗纹

16cm
（44行）

20cm
（56行）

4cm
（12行）

39cm
（78针）

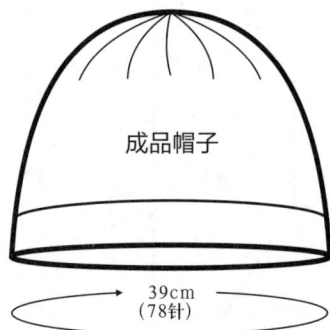

成品帽子

39cm
（78针）

花样

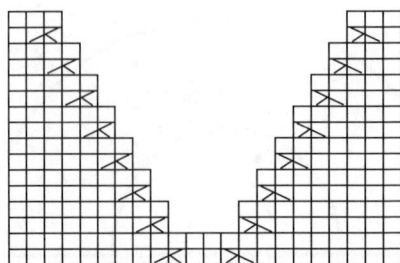

单罗纹

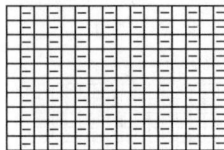

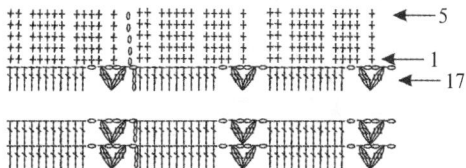

花样

← 5
← 1
← 17

17 针 1 花样

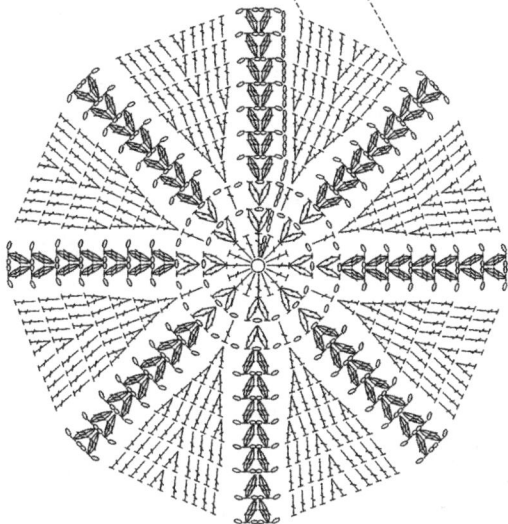

【032】

【成品尺寸】帽长 22cm 帽围 52cm

【工　　具】4mm 钩针

【材　　料】粉红色 276 型号羊毛线 110g

【制作过程】

按图示进行编织，短针部分钩完后可以加 1 行逆短针。

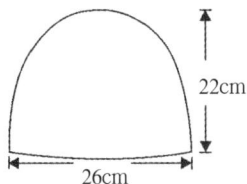

结构图

22cm

26cm

【033】

【成品尺寸】帽长 22cm 帽围 52cm

【工　　具】4mm 钩针

【材　　料】粉红色 276 型号羊毛线 80g

白色 276 型号羊毛线 30g

结构图

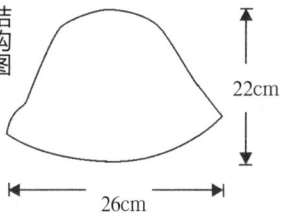

22cm

26cm

【制作过程】

1. 用粉色线在 1 个针孔中起长针 6 针，并首尾相连。

2. 按花样 A 所示每行分别加 6 针，直至加到 96 针。

3. 不加不减针钩 10 行开始配色钩。配色方法：1 行白、2 行粉、1 行白、2 行粉、2 行白、3 行粉、2 行白、7 行粉。

4. 在配色编织的同时，每隔 2 行都均匀地加出 3 针。

5. 按花样 B 所示钩花朵，缝合在帽子的一侧。

花样 A

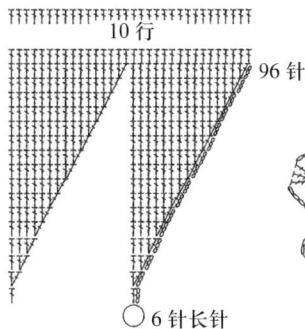

10 行

96 针

○ 6 针长针

花样 B

【034】

【成品尺寸】长 182cm 宽 20cm

【工　具】10 号棒针

【材　料】蓝色羊毛绒线 200g

【密　度】$10cm^2$=22 针 ×24 行

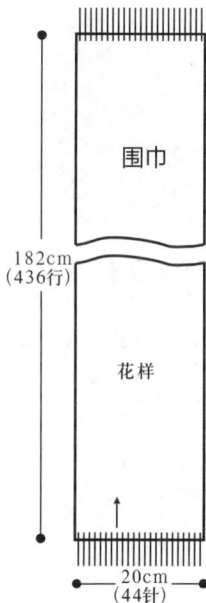

围巾

花样

182cm
(436行)

20cm
(44针)

【制作过程】

1. 按编织方向，以 1 上针 1 下针的方式起 44 针，织 182cm 花样。

2. 再以 1 上针 1 下针的方式收针。

3. 剪 44 根 30cm 的毛线制作流苏，对折系到围巾的两端。围巾编织完成。

花样

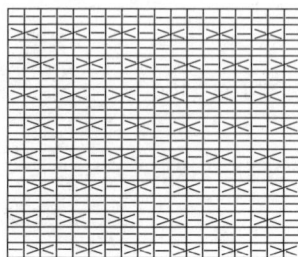

【035】

【成品尺寸】长 165cm 宽 35cm

【工　具】1.5mm 钩针

【材　料】红色 216 型号羊毛线 130g 黑色 216 型号羊毛线 120g

【制作过程】

1. 按图所示钩单个花朵并连接。

2. 横向排列 4 个花，纵向排列 25 个花。

3. 所有的花朵连接完后，用黑色线沿外圈钩 1 行短针加小辫，钩 6 针小辫后在花朵外圈的连接点处钩 1 针短针。第 2 行在第 1 行的基础上对应着针数钩短针，每隔 5 针钩 1 个狗牙。

花样

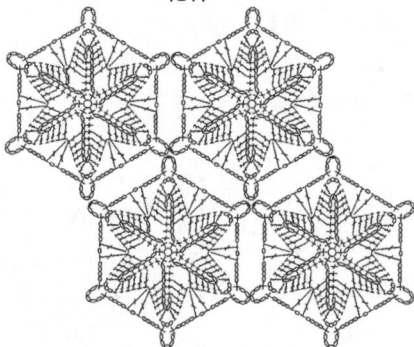

结构图

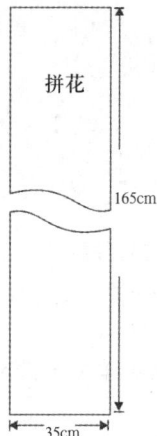

拼花

165cm

35cm

【036】

"036" 编织方法同 "035"

【037】

【成品尺寸】围巾长 193cm 宽 19cm

【工　　具】2.5mm 钩针　4mm 绒球绕线器　缝衣针

【材　　料】卡其色中粗棉线 250g

【密　　度】10cm²=3.16 针 ×2.3 行

【制作过程】

1. 钩针起 4 针辫子针，钩织加长枣形针，按图解钩织单元花，第 1 行钩 1 个单元花，第 2 行 2 个，第 3、4 行 3 个，第 5、6 行 4 个，第 7、8 行 5 个单元花，第 9 行起钩 6 个单元花，共钩 84 行的高度，围巾主体完成。

2. 利用绒球绕线器，制作 2 个绒球，分别缝于围巾两端。

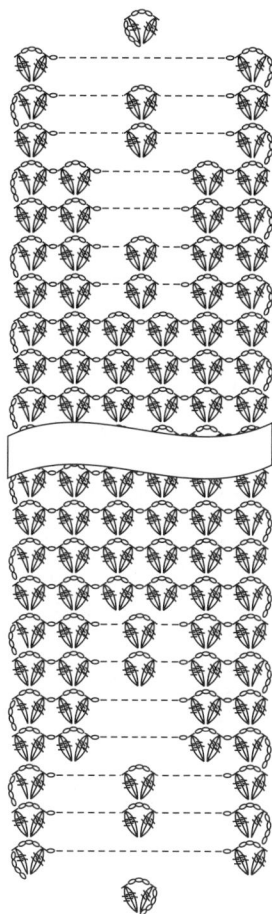

围巾主体花样

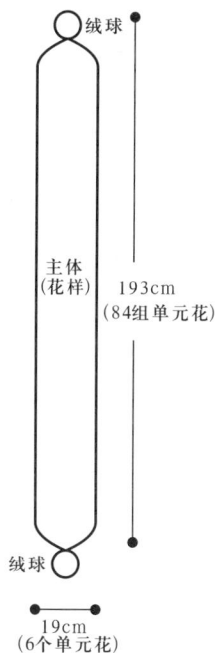

围巾结构图

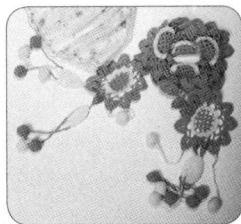

【038】

【成品尺寸】 长 210cm　宽 15cm

【工　　具】 1.75mm 钩针

【材　　料】 粉红色 212 型号羊毛线 120g　灰色 212 型号羊毛线 50g　填充棉 10g

【制作过程】

1. 按花样 A 所示钩花朵，一边钩一边连接，一共钩 11 朵。

2. 用灰色线钩两端小球的叶子。叶子钩法按花样 B 所示。小球的做法：在 1 个针孔内起 6 针，每行都均匀加出 6 针，一直加到 24 针。不加不减针钩 2 行后，每行均匀减掉 6 针。减到 12 针时，塞入填充棉，并收紧球口。小球上的辫子钩 20 针。

3. 叶子分别加在葵花的 2 个花瓣上。小球分别加在叶子两侧的 2 个花瓣上，同时每片叶子上各加 3 个小球。

花样 A

方格周围的短针及 1 针小辫 1 针短针都用灰色线，其他用粉色线

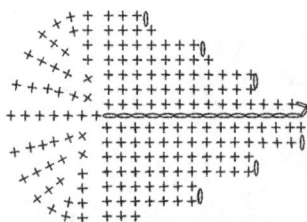

花样 B

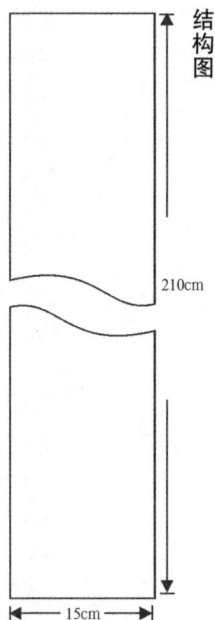

结构图

210cm

15cm

【039】

"039" 编织方法同 "038"。

【040】

【成品尺寸】长 135cm 宽 19cm

【工　　具】6 号棒针

【材　　料】天蓝色 276 型号羊毛线 250g

【密　　度】10cm² =24 针 × 32 行

【制作过程】

1. 按编织方向，以下针的方式起 42 针，织 1 行，然后按图织花样。

2. 按图编织花样至 135cm 后，以下针的方式收针。

3. 以 5 根 30cm 长的毛线为 1 组流苏，对折系到围巾的两端。

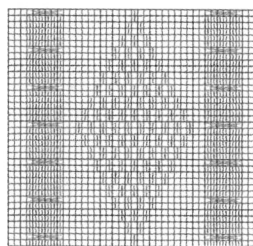

花样

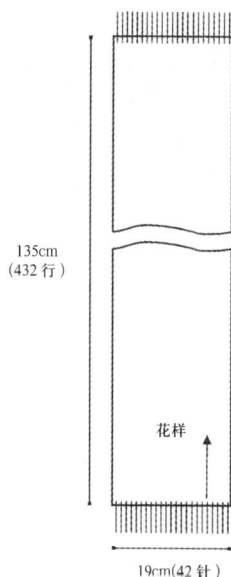

135cm
（432 行）

花样

结构图

19cm(42 针)

【041】

【成品尺寸】长 140cm 宽 20cm

【工　　具】1.5mm 钩针

【材　　料】浅翠蓝色 216 型号羊毛线 150g

结构图

【制作过程】

1. 起 55 针小辫，按花样图示编织 132cm，成为围巾主体。

2. 沿围巾主体钩 1 圈短针。

3. 在围巾两端钩流苏：21 针为 1 个流苏，与围巾主体相连时，要隔 1 针钩 1 个短针。

花样图

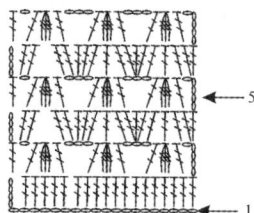

← 5

← 1

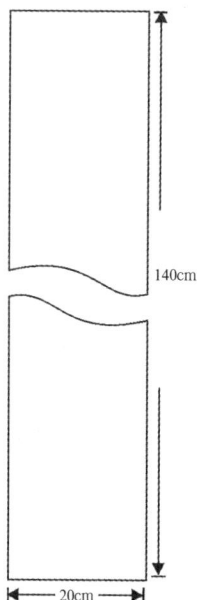

140cm

20cm

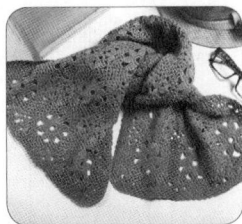

【042】

【成品尺寸】 长 125cm 宽 33cm

【工　　具】 1.5mm 钩针

【材　　料】 驼色 216 型号羊毛线 150g

【制作过程】

1. 按花样图所示钩花样并连接到所需尺寸。

2. 在围巾四周钩 3 圈 3 针的网眼。

花样

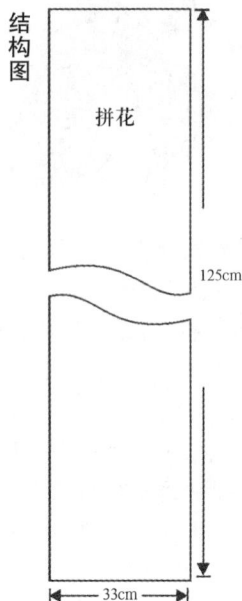

结构图

拼花

125cm

33cm

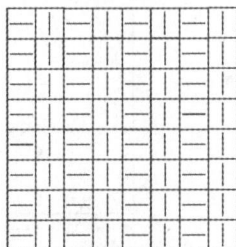

【043】

【成品尺寸】 长 155cm 宽 22cm

【工　　具】 6 号棒针

【材　　料】 亮紫色 276 型号羊毛线 280g

【密　　度】 $10cm^2$＝22 针 ×32 行

【制作过程】

1. 按编织方向以 1 上针 1 下针的方式起 50 针，织 1cm 单罗纹，然后改织花样。

2. 按花样图示编织花样至 154cm 后，改织 1cm 单罗纹，再以 1 上针 1 下针的方式收针。

花样

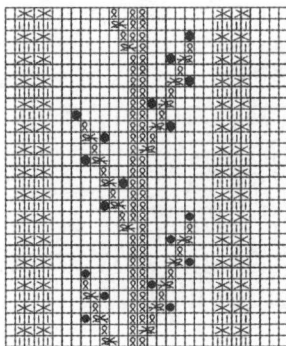

单罗纹

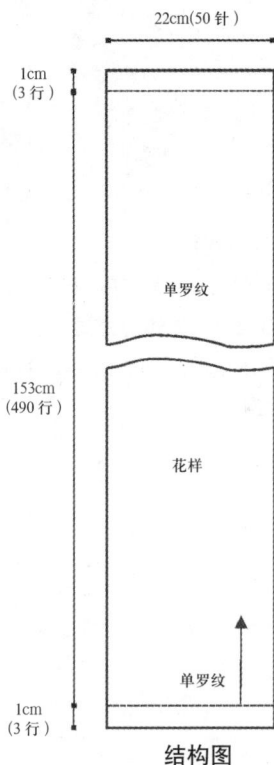

22cm(50 针)

1cm
(3 行)

单罗纹

153cm
(490 行)

花样

单罗纹

1cm
(3 行)

结构图

【044】

【成品尺寸】长 150cm 宽 20cm

【工　　具】1.5mm 钩针

【材　　料】绿色竹纤棉线 90g

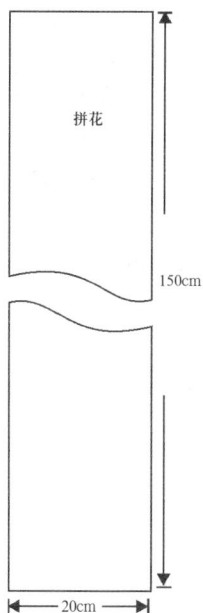

结构图

拼花

150cm

20cm

【制作过程】

起 43 针小辫，按图示钩围巾主体，钩 150cm 长即可。

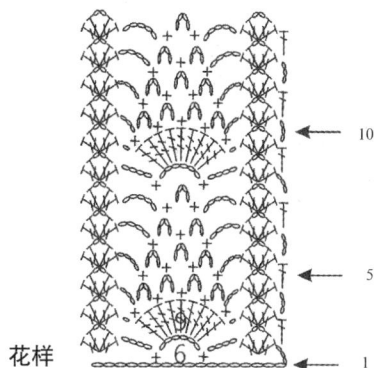

花样

← 10

← 5

← 1

【045】

【成品尺寸】长 150cm 宽 18cm

【工　　具】1.5mm 钩针

【材　　料】浅翠蓝色 216 型号羊毛线 120g

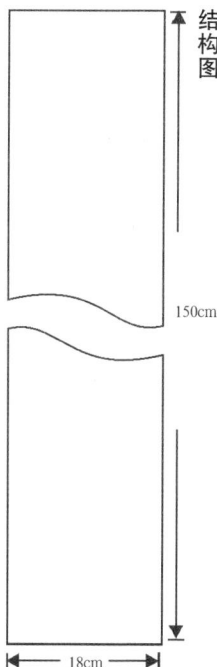

结构图

150cm

18cm

【制作过程】

1. 按花样 A 所示起 40 针小辫，钩 13 个方格，一直钩到 145cm。

2. 按花样 B 所示每隔 4 行分别在靠近左侧或右侧的第 4 个针孔内钩花朵。

3. 按花样 C 所示钩花边。

花样 A

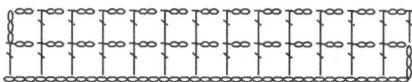

花样 B

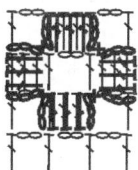

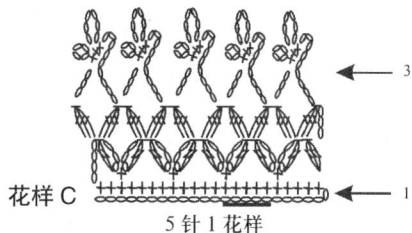

← 3

花样 C

← 1

5 针 1 花样

【046】

【成品尺寸】 长 145cm 宽 22cm

【工　　具】 6 号棒针

【材　　料】 浅蓝色 276 型号羊毛线 200g

【密　　度】 10cm²=19 针 ×22 行

【制作过程】

1. 按编织方向以 1 上针 1 下针的方式起 42 针，织 1.5cm 花样 A 所示花样后，即按花样 B 所示编入花样。

2. 按花样 B 编织至 143.5cm 后，改织 1.5cm 花样 A 所示花样。

3. 再以 1 上针 1 下针的方式收针。

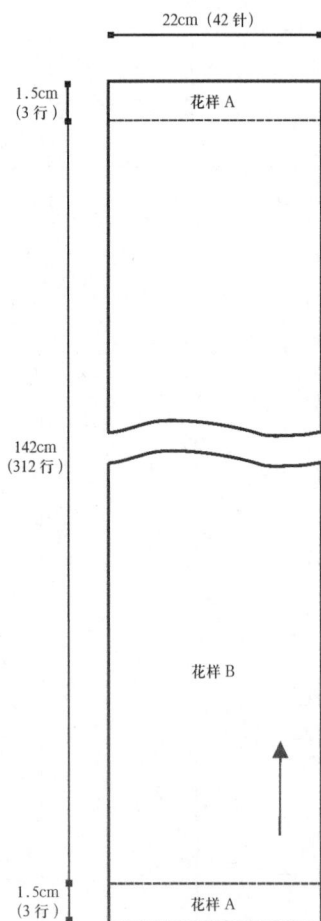

结构图

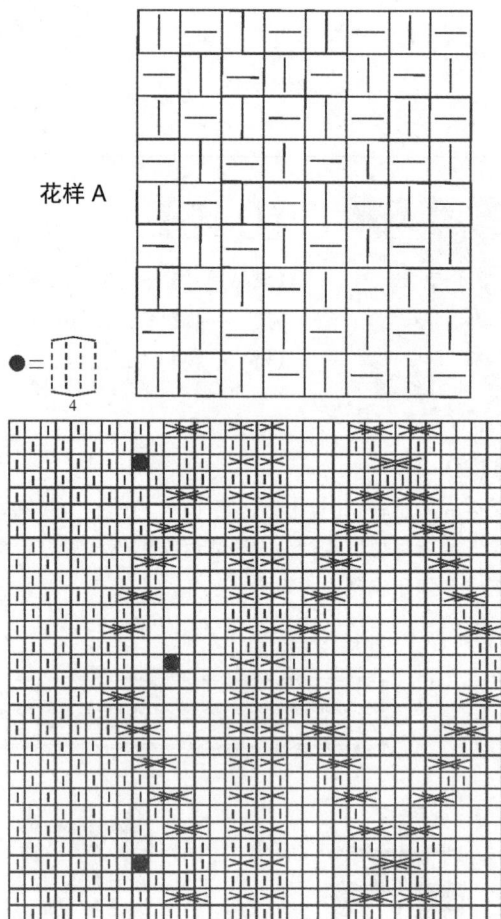

花样 A

花样 B

【047】

【成品尺寸】 长 145cm 宽 23cm

【工　　具】 5 号棒针

【材　　料】 灰色 245 型号羊毛线 250g

【密　　度】 10cm²=20 针 ×22 行

【制作过程】

1. 按编织方向以下针的方式起 46 针，按花样 A 织 3cm 后，即按花样 B 编入花样。

2. 按花样 B 编织至 139cm 后，按花样 A 改织 3cm 花样。

3. 以下针的方式收针。

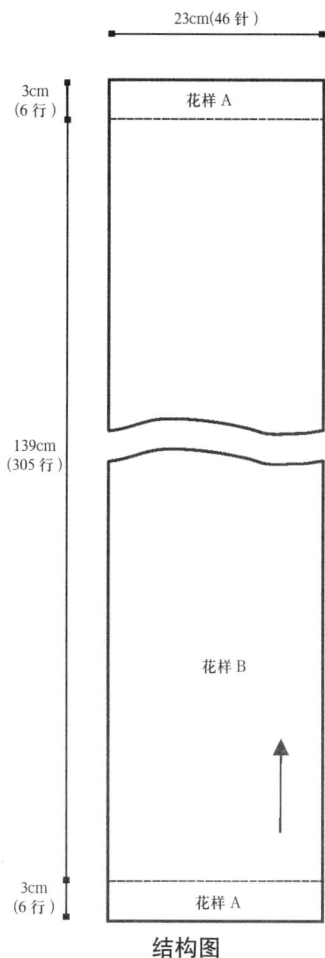

结构图

花样 A

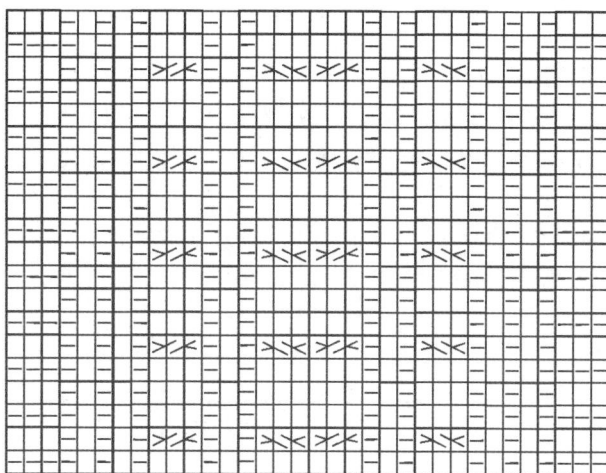

花样 B

【048】

【成品尺寸】长 155cm 宽 25cm

【工　　具】6 号棒针

【材　　料】玫红色 276 型号羊毛线 275g

【密　　度】10cm² = 19 针 × 32 行

【制作过程】

1. 按编织方向，以 1 上针 1 下针的方式起 48 针，织 2cm 花样 B 后，即编入花样 A。

2. 按花样 A 编织至 153cm 后，织 2cm 花样 B。再以 1 上针 1 下针的方式收针。

3. 注意花样编织部分要两端对称。

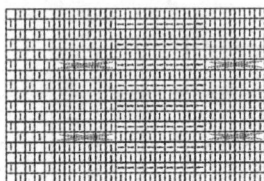

花样 A

花样 B

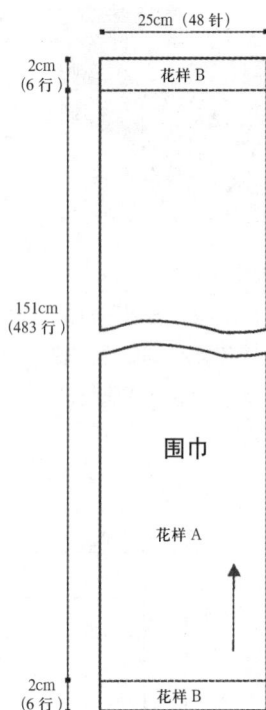

【049】

【成品尺寸】长 140cm 宽 15cm

【工　　具】6 号棒针

【材　　料】粉红色 276 型号羊毛线 80g 白色 276 型号羊毛线 130g

【密　　度】10cm² = 30 针 × 30 行

【制作过程】

1. 将羊毛线分成 3 团，按粉红、白、粉红色的顺序以 1 上针 1 下针的方式起 45 针，其中两边的粉红色各 9 针，中间的白色 27 针。

2. 织 140cm 单罗纹后，以 1 上针 1 下针的方式收针。

3. 用粉红色线在白色中间以平针绣方式缝出间隔均匀的条纹。

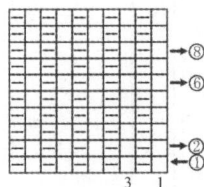

单罗纹

结构图

【050】

【成品尺寸】长 173cm 宽 23cm

【工　　具】10 号棒针

【材　　料】浅藕色羊毛绒线 200g

【密　　度】10cm² = 22 针 × 24 行

【制作过程】

1. 按编织方向，以 1 上针 1 下针的方式起 50 针，织 173cm 花样。

2. 再以 1 上针 1 下针的方式收针。围巾编织完成。

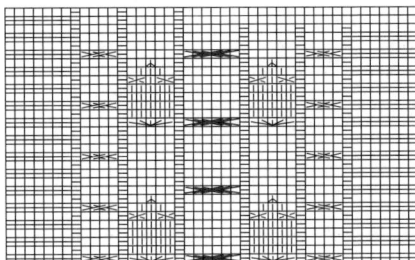

花样

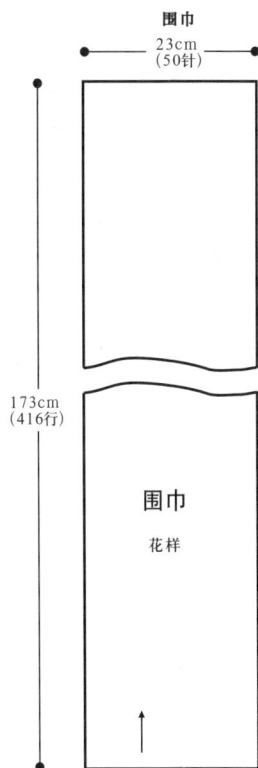

围巾

23cm
(50针)

173cm
(416行)

围巾

花样

【051】

【成品尺寸】长 145cm 宽 22cm

【工　　具】1.5mm 钩针

【材　　料】浅翠蓝色 216 型号羊毛线 100g

【制作过程】

1. 起 39 针小辫，按花样图示钩围巾主体，一共排列 4 个花，钩 145cm 长。

2. 按花样图示钩围巾两侧花边。

3. 按花样图示钩围巾最外圈的锯齿花边。

花样

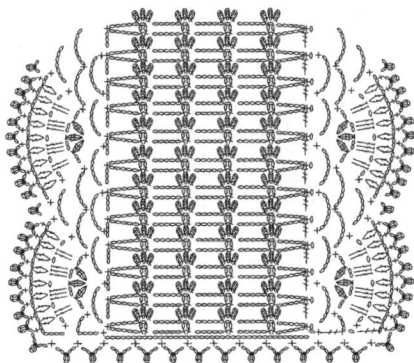

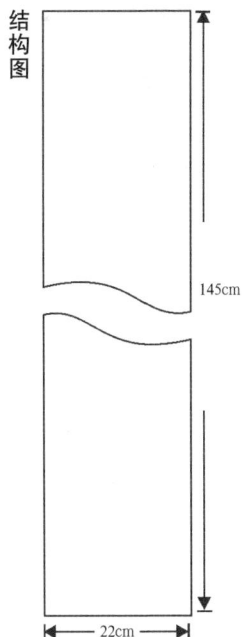

结构图

145cm

22cm

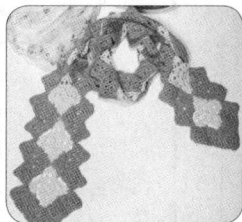

【052】

【成品尺寸】 长 155cm 宽 15cm

【工　　具】 1.75mm 钩针

【材　　料】 浅蓝色 212 型号羊毛线 100g

淡绿色 212 型号羊毛线 50g

【制作过程】

1. 用淡绿色线钩花样图示中的大菱形 12 个。

2. 用浅蓝色线按花样图示钩小菱形并连接到大菱形周围。

3. 全部连接完后，用浅蓝色线沿围巾外圈钩 1 圈短针。

花样

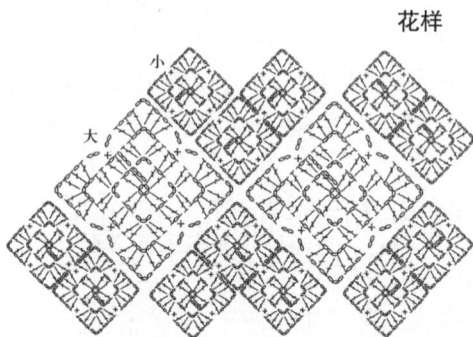

结构图

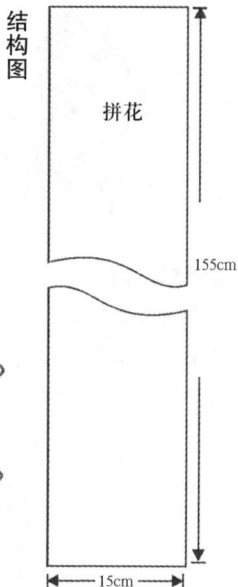

拼花

155cm

15cm

【053】

【成品尺寸】 长 145cm 宽 24cm

【工　　具】 1.5mm 钩针

【材　　料】 蓝绿色 216 型号羊毛线 130g

【制作过程】

1. 起 36 针小辫，按花样图示钩围巾主体，横向排列 21 个花，纵向排列 2 个花。

2. 从起针处，对称钩 2 个花即可。

花样

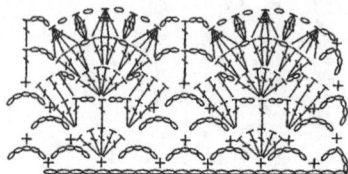

结构图

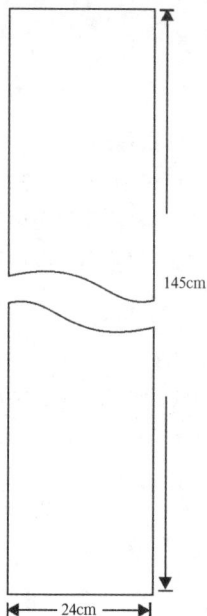

145cm

24cm

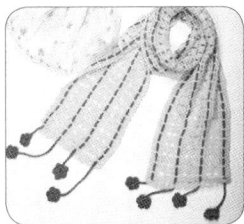

【054】

【成品尺寸】 长 145cm 宽 18cm

【工　　具】 1.5mm 钩针

【材　　料】 黄色 216 型号羊毛线 120g
棕色 216 型号羊毛线 20g

【制作过程】

1. 起 35 针小辫，按花样 A 所示钩花样，钩 130cm 长。

2. 按花样 B 所示钩围巾两端的花边。

3. 按花样 C 所示钩花朵。钩 135cm 长、145cm 长的辫子各 2 条，从围巾花样 2 个长针中的小辫穿过。

花样 A

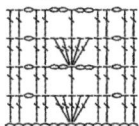

花样 B

110 针

花样 C

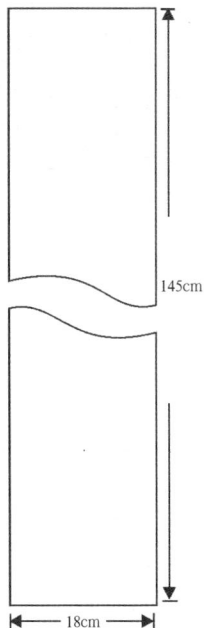

结构图

145cm

18cm

【055】

【成品尺寸】 长 190cm 宽 34cm

【工　　具】 1.75mm 钩针

【材　　料】 粉红色 216 型号羊毛线 200g

【制作过程】

1. 起 49 针小辫，钩 16 个方格，一直钩到 154 个方格。

2. 按图所示钩花边。

3. 方格织片可以钩紧点，外层花边可以钩松点，以便形成木耳边。

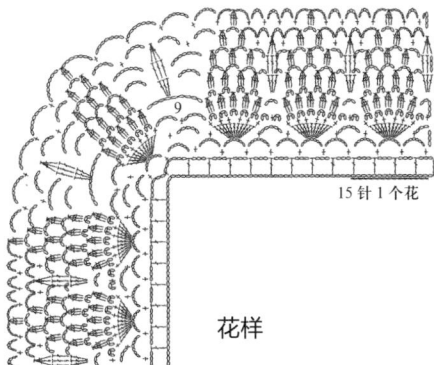

9

15 针 1 个花

花样

结构图

190cm

34cm

【056】

【成品尺寸】 长 155cm 宽 43cm

【工　　具】 1.75mm 钩针

【材　　料】 深咖啡色、橘红色 216 型号羊毛线各 120g

【制作过程】

1. 用深咖啡色线起 361 针小辫，按图示编织。

2. 用橘红色线从深咖啡色线起针，按图示重复编织 1 次，使两种颜色编织的花样对称。

结构图

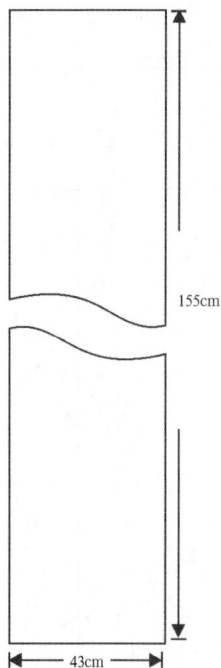

155cm

43cm

花样

【057】

【成品尺寸】 长 185cm　宽 16cm
【工　　具】 10 号棒针
【材　　料】 粉红色羊毛绒线 200g
【密　　度】 10cm²=24 针 ×24 行

【制作过程】

1. 按编织方向，以 1 上针 1 下针的方式起 40 针，先织 20cm 花样 B 后，改织 145cm 花样 A，然后再改织 20cm 花样 B。

2. 再以 1 上针 1 下针的方式收针。

3. 用钩针在围巾的一端钩织花边。

4. 制作两个直径 6cm 的绒球，双线绕 70 圈，用线在中间扎紧，修剪成球状，缝合于围巾的另一端的两侧。围巾编织完成。

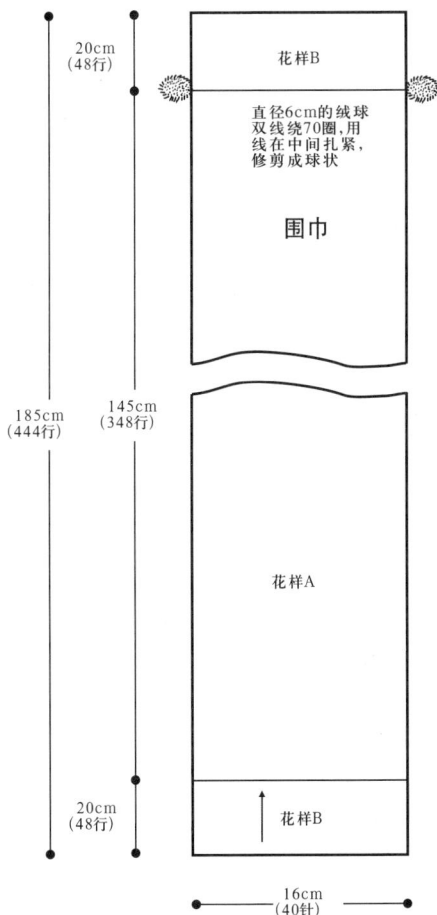

20cm
(48行)

花样B

直径6cm的线球
双线绕70圈，用
线在中间扎紧，
修剪成球状

围巾

185cm
(444行)

145cm
(348行)

花样A

20cm
(48行)

花样B

16cm
(40针)

花样 A

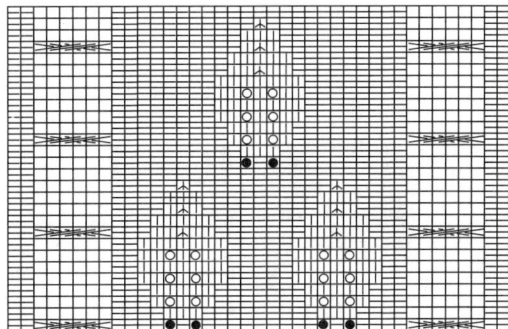

花样 B

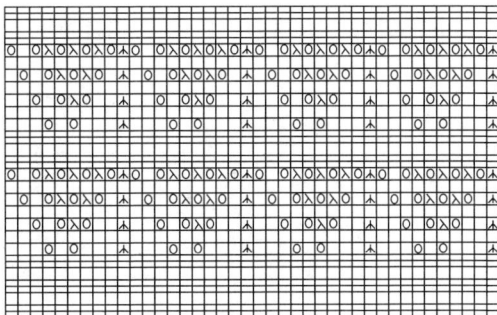

【058】

【成品尺寸】长 216cm 宽 31cm

【工　　具】10 号棒针

【材　　料】玫红色羊毛绒线 300g

【密　　度】10cm² = 26 针 × 34 行

【制作过程】

1. 按编织方向，以 1 上针 1 下针的方式起 80 针，先织 2cm 花样 B 后，改织 212cm 花样 A，再改织 2cm 花样 B。

2. 再以 1 上针 1 下针的方式收针断线。围巾编织完成。

花样 A

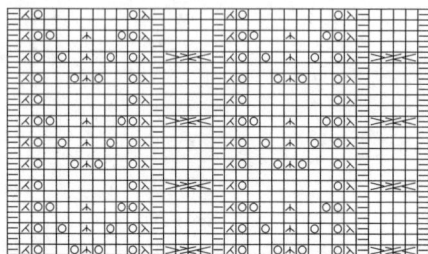

花样 B

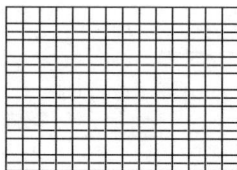

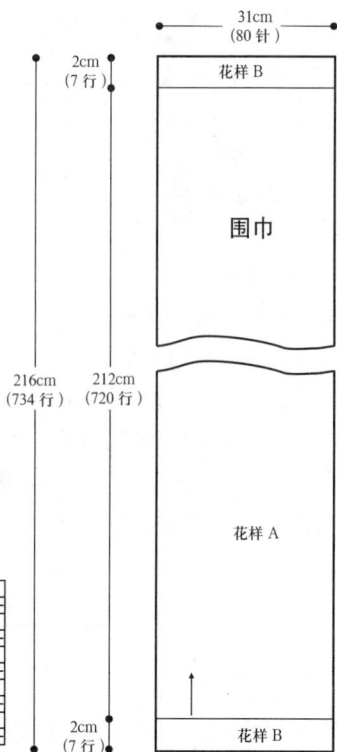

31cm
(80 针)

2cm
(7 行)

花样 B

围巾

216cm
(734 行)

212cm
(720 行)

花样 A

2cm
(7 行)

花样 B

【059】

【成品尺寸】长 140cm 宽 14cm

【工　　具】1.5mm 钩针

【材　　料】黄色 216 型号羊毛线 100g

【制作过程】

1. 按花样图示钩花朵并连接。

2. 围巾连接时，横向排列 2 个花，纵向排列 15 个花。

花样连接图

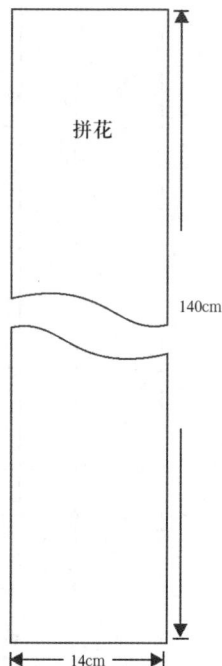

结构图

拼花

140cm

14cm

【060】

【成品尺寸】长 200cm 宽 15cm

【工　　具】1.5mm 钩针

【材　　料】浅翠蓝色 216 型号羊毛线 110g

【制作过程】

1. 按花样 A 所示起 36 针钩围巾主体，钩 150cm 长。

2. 按花样 B 所示钩花朵，并分别用 20 针小辫和 15 针小辫连接到围巾两端。

花样 A

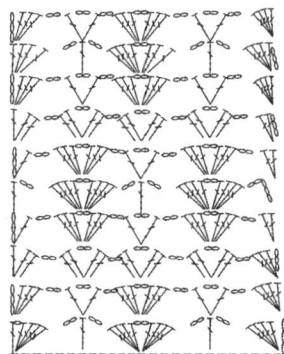

花样 B

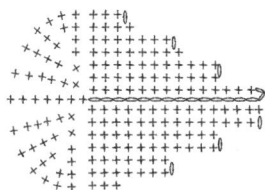

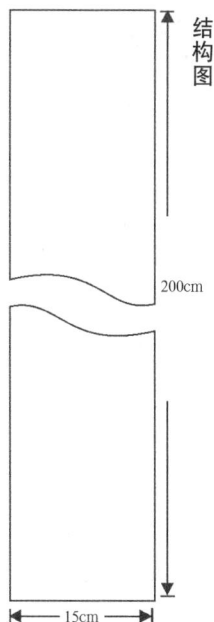

结构图

200cm

15cm

【061】

【成品尺寸】长 125cm 宽 15cm

【工　　具】1.5mm 钩针

【材　　料】黄色 216 型号羊毛线 70g

白色 216 型号羊毛线 30g

【制作过程】

1. 用黄色线起 38 针，按花样图示编织围巾主体，每钩 1 行换一种颜色。

2. 钩到 123cm 后，用白色线沿围巾四周钩 1 圈短针。

← 5

← 1

花样

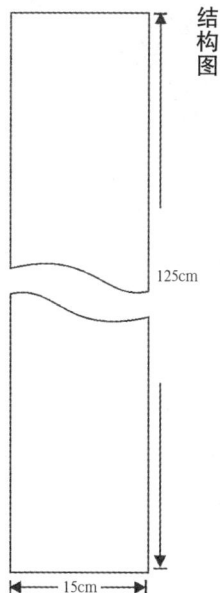

结构图

125cm

15cm

【062】

【成品尺寸】 长 155cm 宽 17cm

【工　　具】 1.75mm 钩针

【材　　料】 黄色 216 型号羊毛线 150g

【制作过程】

1. 羊毛线合二股钩,起 33 针小辫,按花样图示钩围巾主体,钩 125cm 长。

2. 取 5 根 30cm 长的毛线为 1 组流苏,对折系到围巾两端,每端各 22 组流苏。

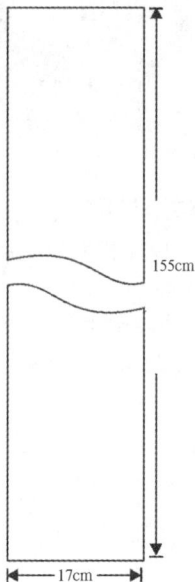

结构图

155cm

17cm

花样

← 5

← 1

10 针 1 花样

花样

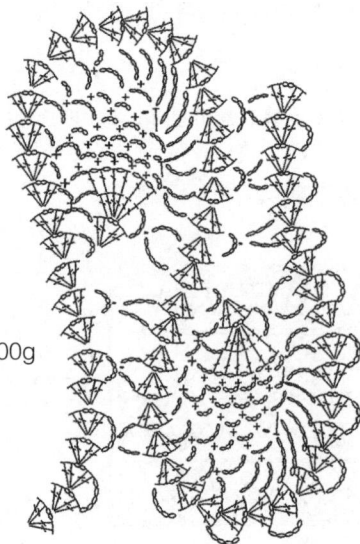

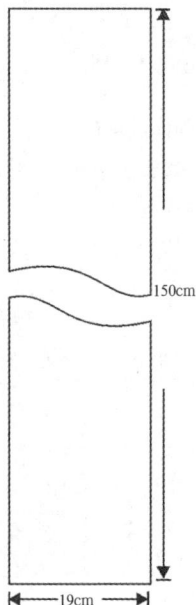

结构图

150cm

19cm

【063】

【成品尺寸】 长 150cm 宽 19cm

【工　　具】 1.75mm 钩针

【材　　料】 宝蓝色 216 型号羊毛线 100g

【制作过程】

按图示起针,编织所需长度即可。

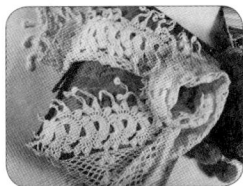

【064】

【成品尺寸】长 150cm 宽 28cm

【工　　具】1.75mm 钩针

【材　　料】白色 216 型号羊毛线 200g

【制作过程】

1. 起 150cm 长小辫，按花样 A 所示钩围巾主体 A，图示上两侧的流苏是围巾两端的流苏。

2. 按花样 B 所示钩围巾主体 B，一边钩一边与围巾主体 A 的横边相连。

3. 按花样 C 所示在围巾主体 A 的另一侧钩花边。

结构图

150cm

28cm

花样 A

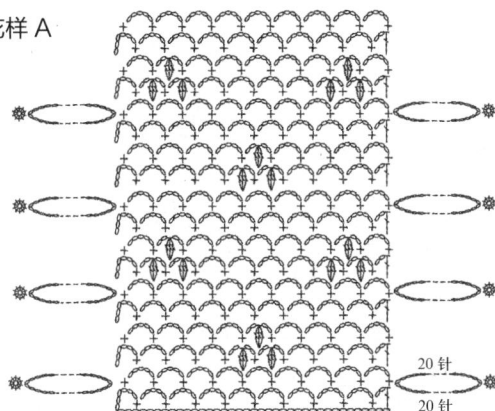

20 针

20 针

花样 B

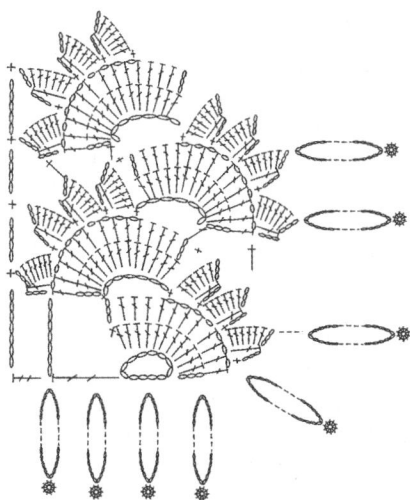

花样 C

【065】

【成品尺寸】长 150cm 宽 20cm

【工　　具】1.5mm 钩针

【材　　料】粉红色 216 型号羊毛线 180g

【制作过程】

1. 按花样图示编织并连接到 120cm。

2. 在围巾两端分别钩 15cm 长的小辫若干作为流苏。

花样

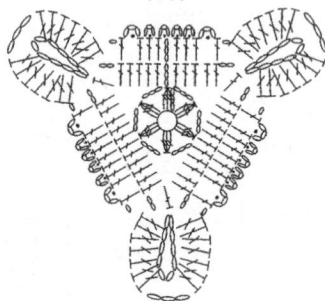

6 个单元花拼花

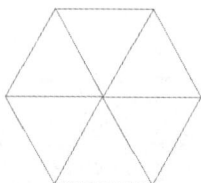

花样连接图

结构图

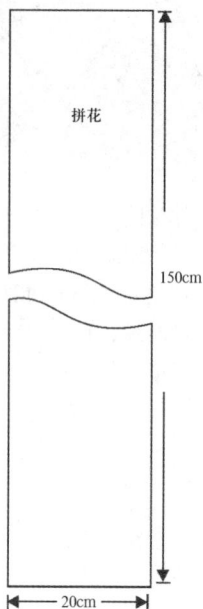

拼花

150cm

20cm

【066】

【成品尺寸】长 144cm 宽 19cm

【工　　具】1.25mm 钩针

【材　　料】白色纯棉线 80g

【制作过程】

按图示编织连接到需要尺寸即可。

花样

结构图

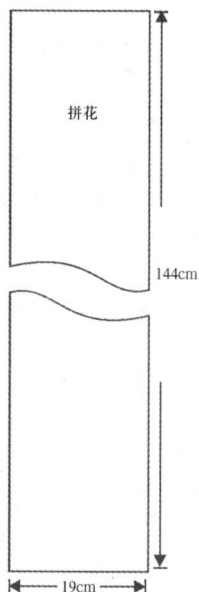

拼花

144cm

19cm

【067】

【成品尺寸】 围巾长 216cm，宽 20cm

【工　　具】 2mm 钩针

【材　　料】 橙色段染线 250g

【制作过程】

1. 钩针钩织单元花，按花样图解，一线连方式钩织 36 朵花样 A，作为围巾主体。

2. 沿围巾侧边钩织花样 B，共 4 行，围巾完成。

(花样A)　　　　(花样B)

围巾主体花样

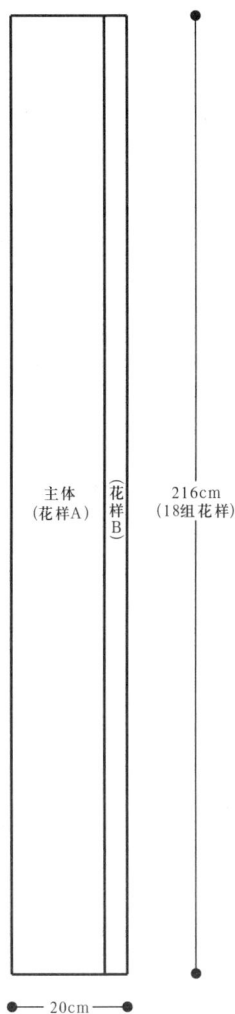

主体
(花样A)

(花样B)

216cm
(18组花样)

20cm

围巾结构图

【068】

【成品尺寸】长 140cm 宽 27cm

【工　　具】1.5mm 钩针

【材　　料】橘红色 216 型号羊毛线 80g 黑色 216 型号羊毛线 80g

【制作过程】

1. 按图示钩单个花朵，并且一边钩一边连接，注意换色，钩花样之间连接的小花用黑色线。

2. 横向排列 2 个花，纵向排列 10 个花。

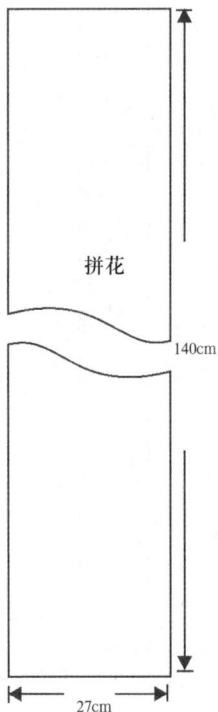

结构图

拼花

140cm

27cm

花样

【069】

【成品尺寸】 长 125cm 宽 16cm

【工　　具】 1.5mm 钩针

【材　　料】 白色 216 型号羊毛线 130g

【制作过程】

1. 按花样 A 所示钩花朵并连接，横向排列 2 个花，纵向排列 24 个花。

2. 围巾主体连接完后，按花样 B 所示钩围巾外圈的花边。

3. 按花样 C 所示钩围巾两端的网状花边。第 2 层花边从第 1 层花边的第 2 行开始钩，要比第 1 层花边多钩 2 行网眼。

花样 A

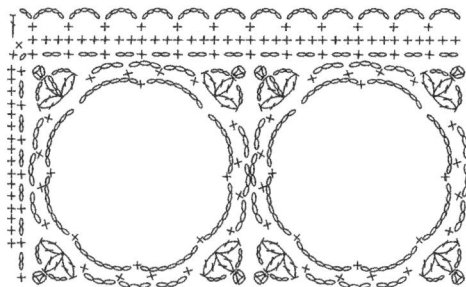

花样 B

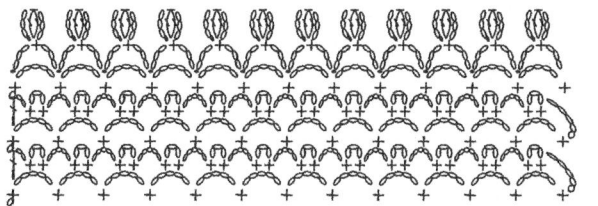

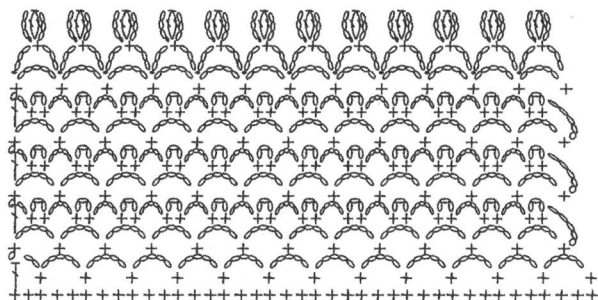

花样 C

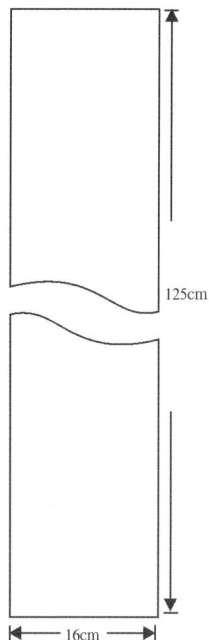

结构图

125cm

16cm

【070】

【成品尺寸】围巾长 193cm 宽 19cm

【工　　具】2mm 钩针

【材　　料】白色细棉线 200g

【制作过程】

1. 钩针起 37 针辫子针，按图解钩织单元花，6 组一排，共钩 68 组的高度，围巾主体完成。

2. 在围巾两端各绑 11 束约 8cm 长的流苏。

围巾主体花样

主体
(花样)

193cm
(68组单元花)

19cm
(6组单元花)

围巾结构图

【071】

【成品尺寸】 长 193cm 宽 19cm

【工　　具】 10 号棒针

【材　　料】 红色羊毛绒线 300g

【密　　度】 10cm² = 22 针 × 24 行

【制作过程】

1. 按编织方向，以 1 上针 1 下针的方式起 42 针，织 193cm 花样。

2. 再以 1 上针 1 下针的方式收针。

3. 剪 44 根 30cm 的毛线制作流须，对折结到围巾的两端。围巾编织完成。

花样 A

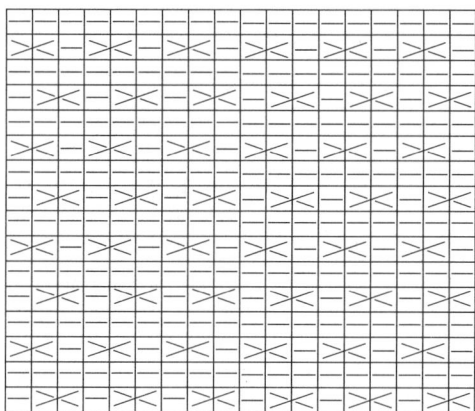

围巾主体花样

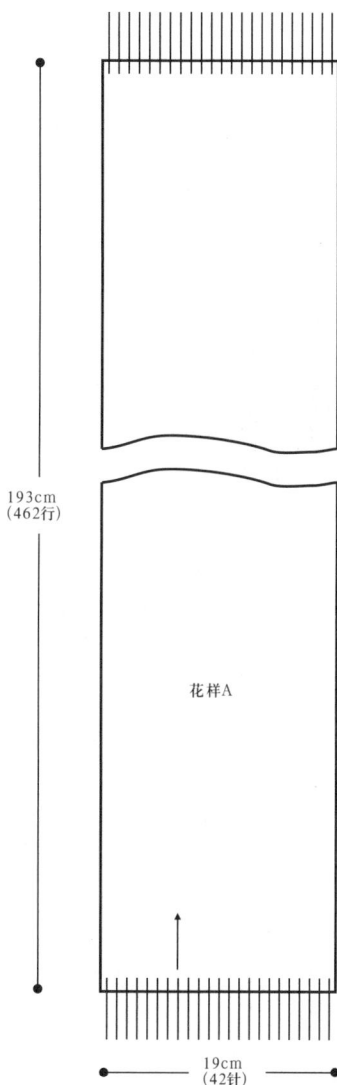

193cm
(462行)

花样A

19cm
(42针)

【072】

【成品尺寸】 长 140cm 宽 27cm

【工　　具】 1.75mm 钩针

【材　　料】 红色 216 型号羊毛线 40g 深咖啡色 216 型号羊毛线 120g

【制作过程】

1. 按花样图示钩单个花朵，并且一边钩一边连接。花朵第 1、2、3 圈用红色线钩，其余用深咖啡色线钩。

2. 横向排列 3 个花，排列顺序见花样图中所示。纵向第 1、3 列排列 12 个花，第 2 列排列 13 个花。

花样

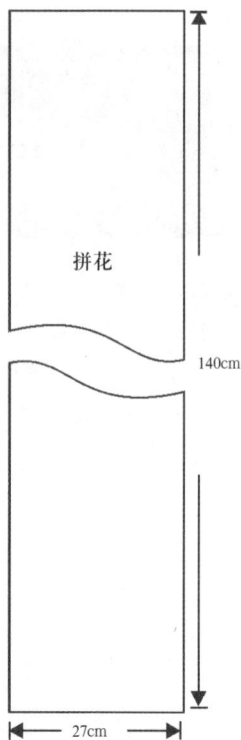

结构图

拼花

140cm

27cm

【073】

【成品尺寸】 长 160cm 宽 31cm

【工　　具】 1.75mm 钩针

【材　　料】 藏蓝色 216 型号羊毛线 160g

【制作过程】

1. 按花样图所示钩单个花朵，并且一边钩一边连接。

2. 横向排列 3 个花，纵向排列 9 个花。

花样连接图

花样

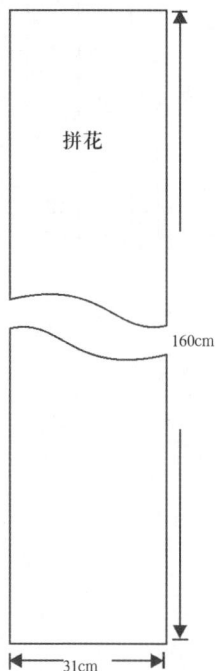

结构图

拼花

160cm

31cm

秋冬温情编织
帽子、围巾、手套

【074】

【成品尺寸】 长 180cm
宽 40cm

【工　　具】 1.5mm 钩针

【材　　料】 黑色冰丝线 180g

【制作过程】
从围巾的中心开始起 508 针小
辫，按图示编织即可。

花样

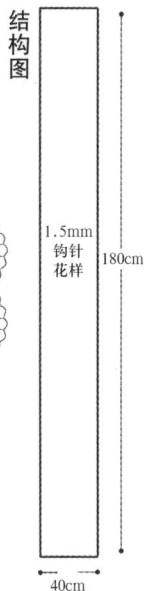

结构图

1.5mm
钩针
花样

180cm

40cm

【075】

【成品尺寸】 长 120cm　宽 15cm

【工　　具】 1.25mm 钩针

【材　　料】 紫色亚麻线 125g

【制作过程】

1. 按图示钩花样并连接。横向排列 2 个大花，纵向排列 16 个花。

2. 按图示钩最外圈花边，每 7 针小辫与围巾主体连接的地方都钩 1 个狗牙。

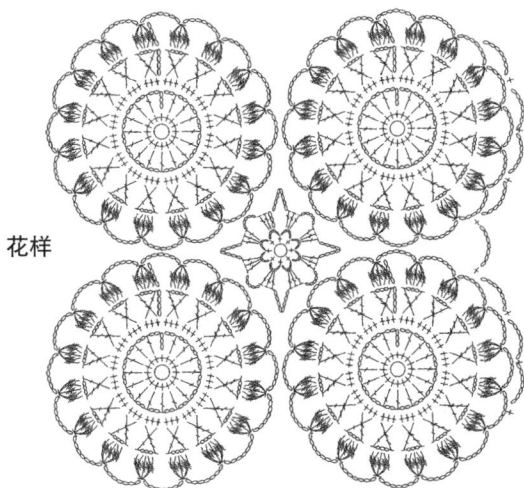

花样

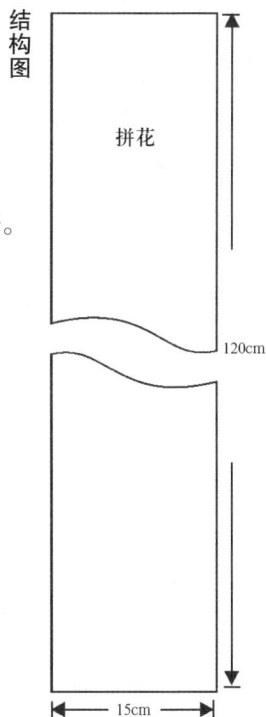

结构图

拼花

120cm

15cm

【076】

【成品尺寸】围巾长 168cm 宽 25cm

【工　　具】2mm 钩针

【材　　料】咖啡色中粗棉线 100g

【制作过程】

1. 钩针钩织单元花，咖啡色线打圈起钩，第一圈钩 12 针加长针，第 2 圈钩锁针，单元花完成。

2. 钩织 28 个单元花，完成后拼合成 2 排，沿边钩织 1 圈 7 针一组的花边。

围巾主体花样

主体
（花样）

168cm
（14 组花样）

围巾结构图

25cm
（2 组花样）

【077】

【成品尺寸】围巾长 139cm 宽 18cm

【工　　具】3mm 棒针

【材　　料】浅蓝色中细棉线 250g

【密　　度】10cm² = 30 针 × 21.9 行

【制作过程】

棒针编织围巾主体，起 54 针按花样图解往返编织，不加减针织 139cm，收针断线。

围巾结构图

主体
（花样）

139cm
（304 行）

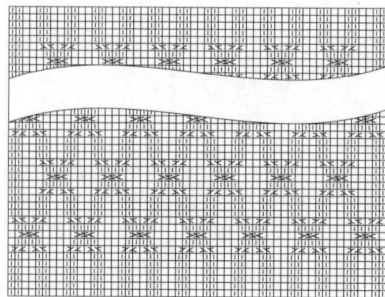

围巾主体花样

18cm
（54 针）

【078】

【成品尺寸】 长 155cm 宽 16cm

【工　　具】 1.5mm 钩针

【材　　料】 米黄色 216 型号羊毛线 100g

【制作过程】

1. 起 42 针小辫，按花样 A 钩方格 140cm。方格钩法为 1 针长针、1 针小辫。

2. 按花样 B 所示钩围巾两端花边。

花样 A

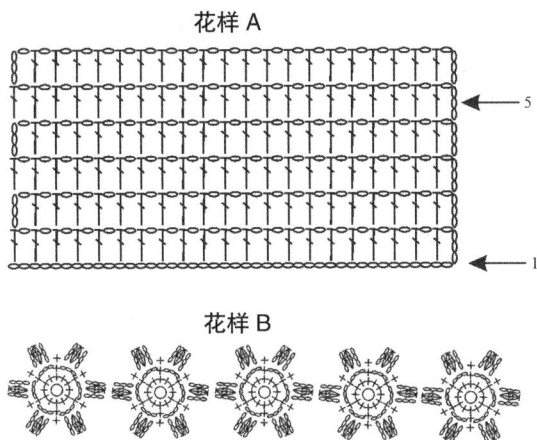

花样 B

结构图

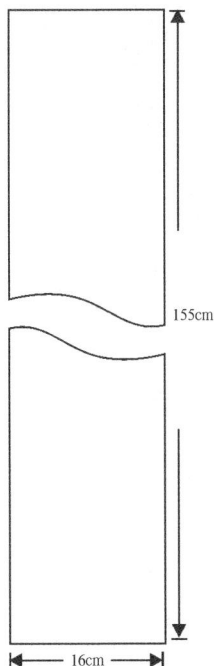

155cm

16cm

【079】

【成品尺寸】 长 150cm 宽 13cm

【工　　具】 1.75mm 钩针

【材　　料】 粉红色 212 型号羊毛线 175g

【制作过程】

起 251 针，从围巾中间开始转圈钩，按花样图示钩花样即可。

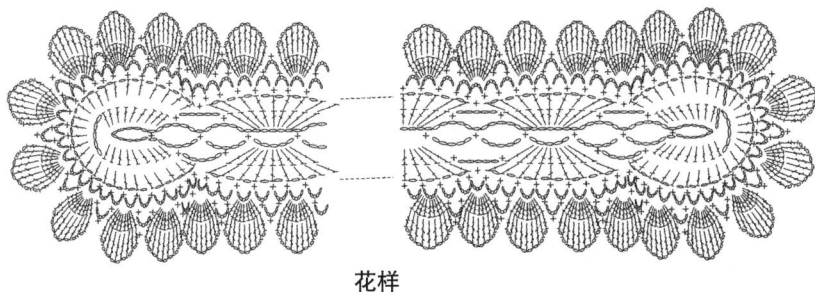

花样

结构图

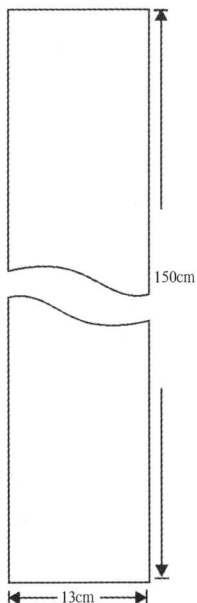

150cm

13cm

花样

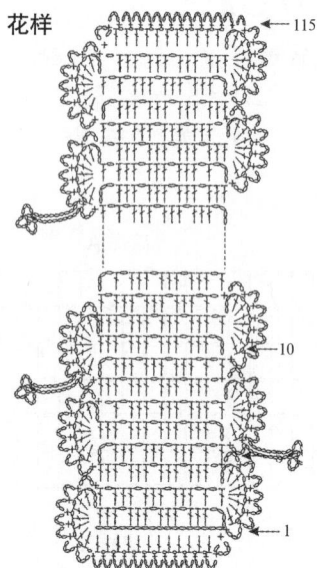

← 115

← 10

← 1

结构图

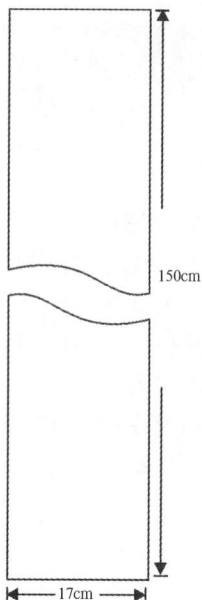

150cm

17cm

【080】

【成品尺寸】 长 150cm 宽 17cm

【工　　具】 1.5mm 钩针

【材　　料】 灰色 216 型号羊毛线 120g

【制作过程】

起 37 针小辫，按图示箭头和花样进行编织，编织到 150cm 长即可。

【081】

【成品尺寸】 长 150cm 宽 16cm

【工　　具】 1.5mm 钩针

【材　　料】 米黄色 216 型号羊毛线 130g

【制作过程】

1. 按图示钩单独的花朵并连接。

2. 横向排列 3 个花，纵向排列 29 个花。

花样

结构图

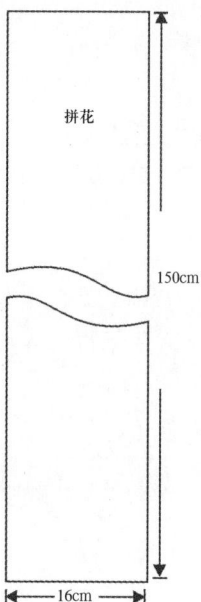

拼花

150cm

16cm

【082】

【成品尺寸】围巾长 183cm 宽 27cm

【工　　具】2mm 钩针

【材　　料】白色细棉线 200g

【制作过程】

钩针钩织单元花，白色线打圈起钩，按花样图解，一线连方式钩织 5 朵 1 排的花样，然后往上钩织 26 排，围巾编织完成。

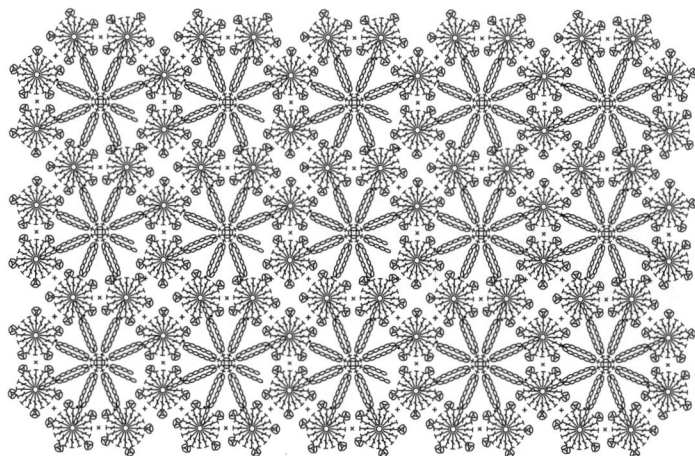

主体
(花样)

183cm
(26组花样)

围巾主体花样

围巾结构图

27cm
(5组花样)

【083】

【成品尺寸】长 149cm 宽 21cm

【工　　具】10 号棒针

【材　　料】黄色段染羊毛绒线 300g

【密　　度】$10cm^2$=22 针 ×24 行

【制作过程】

1. 按编织方向，以 1 上针 1 下针的方式起 46 针，织 149cm 花样。

2. 再以 1 上针 1 下针的方式收针。围巾编织完成。

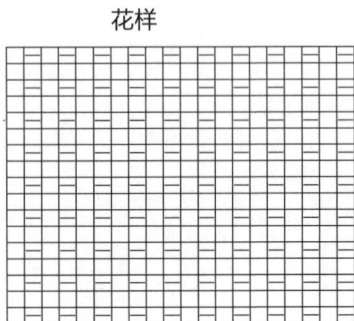

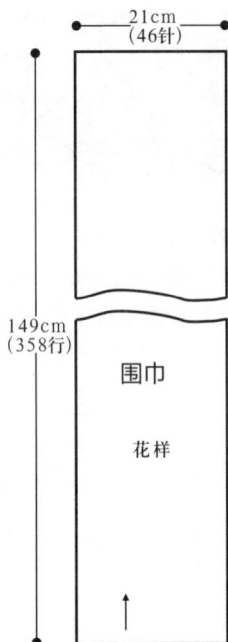

花样

21cm
（46针）

149cm
（358行）

围巾

花样

【084】

【成品尺寸】长 150cm 宽 16cm

【工　　具】6 号棒针

【材　　料】粗段染线 150g

【密　　度】$10cm^2$=11.1 针 ×13.7 行

【制作过程】

1. 棒针编织主体，起 20 针，环织下针，织 48 行后，收针断线。

2. 相反的方向编织另一只臂套。

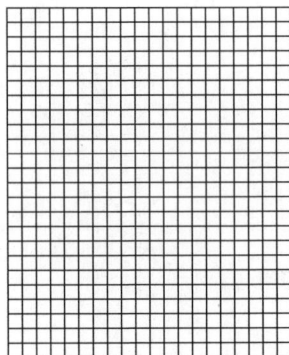

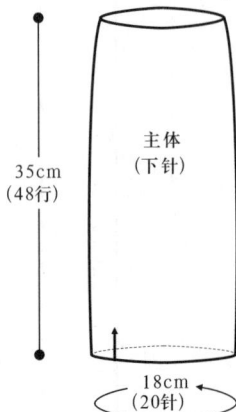

臂套主体

臂套结构图

主体
（下针）

35cm
（48行）

18cm
（20针）

【085】

【成品尺寸】 全长 25cm

【工　　具】 6 号棒针　7 号棒针

【材　　料】 蓝绿色 276 型号羊毛线 120g

【密　　度】 10cm² = 16 针 × 22 行

【制作过程】

1. 用 7 号棒针起 48 针，织单罗纹 13cm。

2. 换 6 号棒针织下针，同时均匀加起 4 针。

3. 织到 18cm 时，由织筒状改为来回织片状。织到 21cm 时，再由织片状恢复到织筒状，期间留出的那一段便是大拇指指洞。

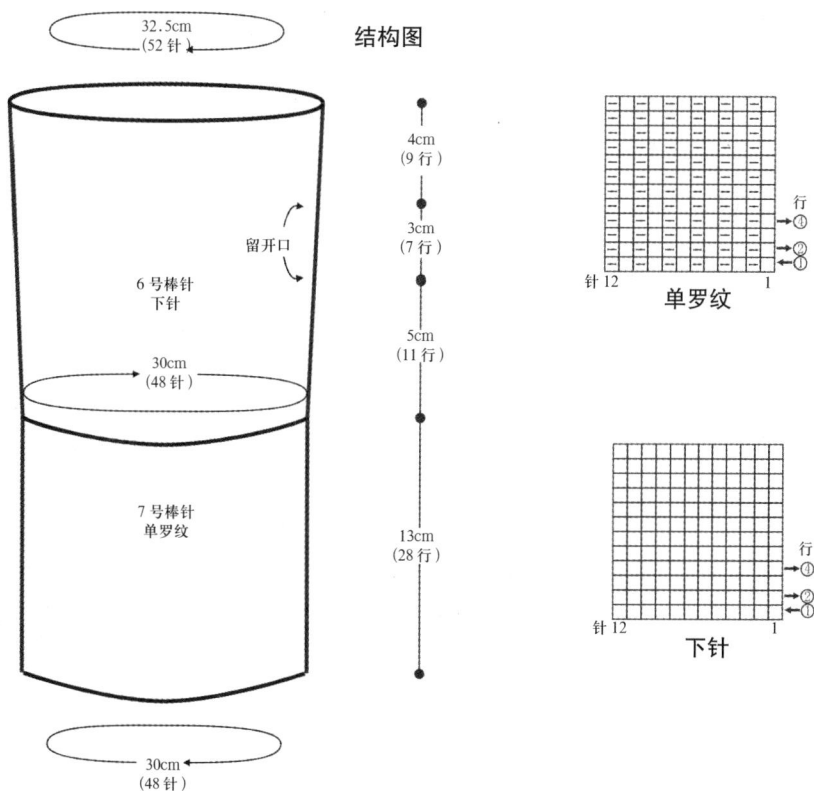

4. 织到 25cm 时收针。

结构图

32.5cm
(52 针)

留开口

6 号棒针
下针

30cm
(48 针)

7 号棒针
单罗纹

30cm
(48 针)

4cm
(9 行)

3cm
(7 行)

5cm
(11 行)

13cm
(28 行)

行
①
②
①

针 12　　　　1
单罗纹

行
①
②
①

针 12　　　　1
下针

【086】

【成品尺寸】 全长 14cm

【工　具】 6 号棒针 7 号棒针

【材　料】 浅蓝色 276 型号羊毛线 60g

【密　度】 10cm² = 20 针 × 29 行

【制作过程】

1. 用 7 号棒针按 1 上针 1 下针方式起 46 针，织成圈后织 3.5cm。

2. 换 6 号棒针织平针，留出 16 针不织，其余 30 针来回织片。

3. 织 7cm 长，留出 8 针作为大拇指指洞。下一行织到此时，加 6 针将大拇指指洞补充完整。

4. 织 7cm 平针后换 7 号棒针加出 16 针，织单罗纹 3.5cm。

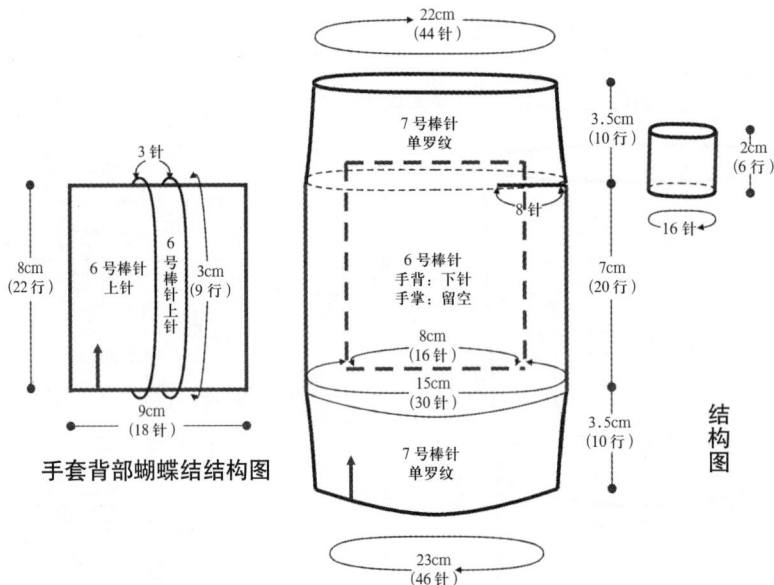

手套背部蝴蝶结结构图

结构图

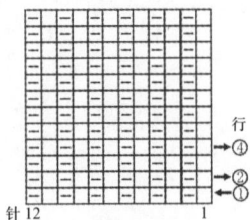

单罗纹

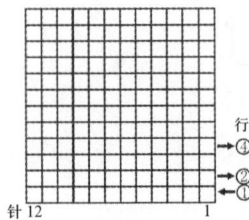

下针

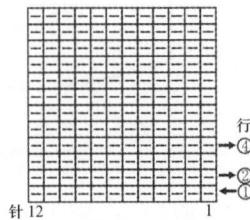

上针

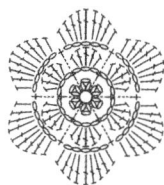

花样 B

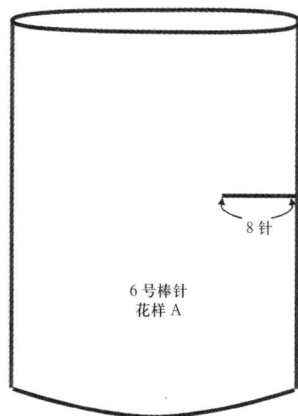

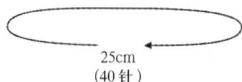

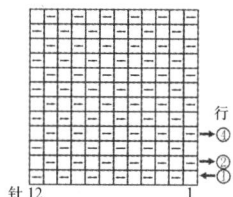

8 针

6 号棒针
花样 A

7cm
(16 行)

8cm
(18 行)

3cm
(6 行)

16 针

结
构
图

25cm
(40 针)

【087】

【成品尺寸】全长 15cm

【工　　具】6 号棒针 4mm 钩针

【材　　料】黑色 276 型号羊毛线 60g

玫红色 276 型号羊毛线 10g

【密　　度】10cm² = 16 针 × 23 行

【制作过程】

1. 用黑色线按 1 上针 1 下针方式起 40 针，织成圈后按花样 A 所示进行编织。

2. 花样 A 织法：第 1 行 1 上针 1 下针，第 2 行 1 下针 1 上针，如此循环。

3. 用玫红色线按花样 B 所示钩花朵，缝合在手背上。

行
①
②
③

针 12

1

花样 A

【088】

【成品尺寸】全长 16cm

【工　　具】2mm 钩针

【材　　料】蓝色 216 型号羊毛线 50g

【制作过程】

1. 起 40 针小辫，首尾相连成圈，按花样 A 所示钩花样。

2. 钩到第 7 行时，回来钩片状，钩 4 行，作为大拇指指洞。

3. 再连接成圈钩筒状，继续钩 5 行。

4. 按花样 B 所示钩手指部位的花边。

5. 按花样 C 所示钩手腕部位的花边。

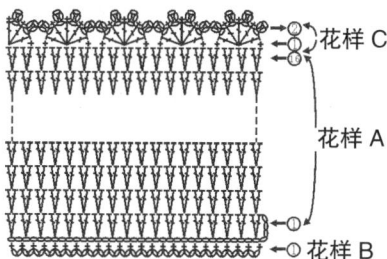

花样 C

花样 A

花样 B

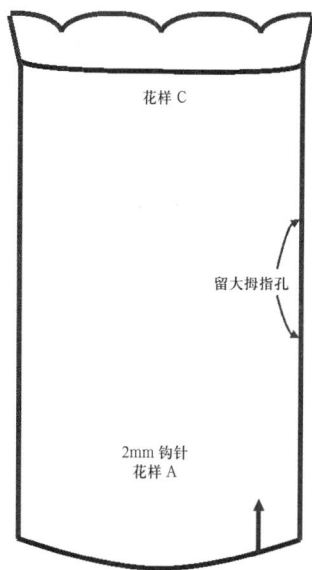

花样 C

留大拇指孔

2mm 钩针
花样 A

5cm
(5 行)

4cm
(4 行)

7cm
(7 行)

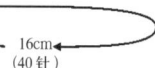

16cm
(40 针)

结构图

【089】

【成品尺寸】全长25cm

【工　　具】6号棒针 7号棒针

【材　　料】墨绿色276型号羊毛线110g

【密　　度】10cm²=27针×36行

【制作过程】

1. 用7号棒针按1上针1下针的方式起48针。

2. 换6号棒针按花样图所示织手背上的花样。

3. 按手套结构图所示织手套主体和大拇指。

4. 手套顶部减针方法：将所有针数均匀分成8份，隔1行减掉8针，直到剩下16针时，抽紧所有的线套即可。

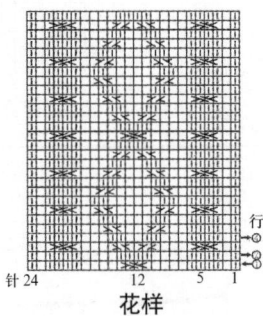

针24　　　12　　5　1

花样

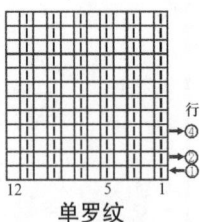

12　　　5　　1

单罗纹

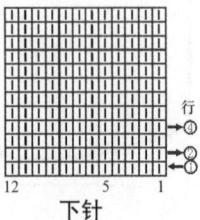

12　　　5　　1

下针

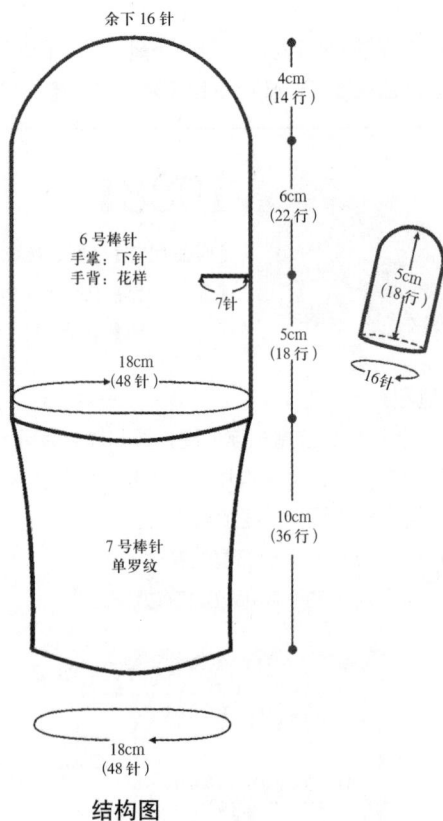

余下16针

6号棒针
手掌：下针
手背：花样

7针

18cm
(48针)

4cm
(14行)

6cm
(22行)

5cm
(18行)

5cm
(18行)

16针

10cm
(36行)

7号棒针
单罗纹

18cm
(48针)

结构图

【090】

【成品尺寸】 全长 20cm

【工　　具】 6 号棒针　7 号棒针

【材　　料】 白色 276 型号羊毛线 110g

【密　　度】 10cm² = 24 针 × 30 行

【制作过程】

1. 用 7 号棒针按 1 上针 1 下针的方式起 48 针，织单罗纹 5cm。

2. 换 6 号棒针按花样图所示织手背上的花样。

3. 按手套结构图所示织手套主体和大拇指。

4. 手套顶部减针方法：将所有针数均匀分成 8 份，隔 1 行减掉 8 针，直到剩下 16 针时，抽紧所有的线套即可。

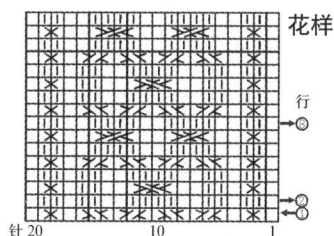

花样

针 20　　10　　1

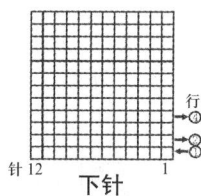

下针

针 12　　1

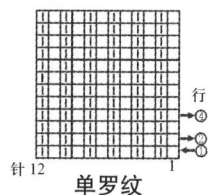

单罗纹

针 12　　1

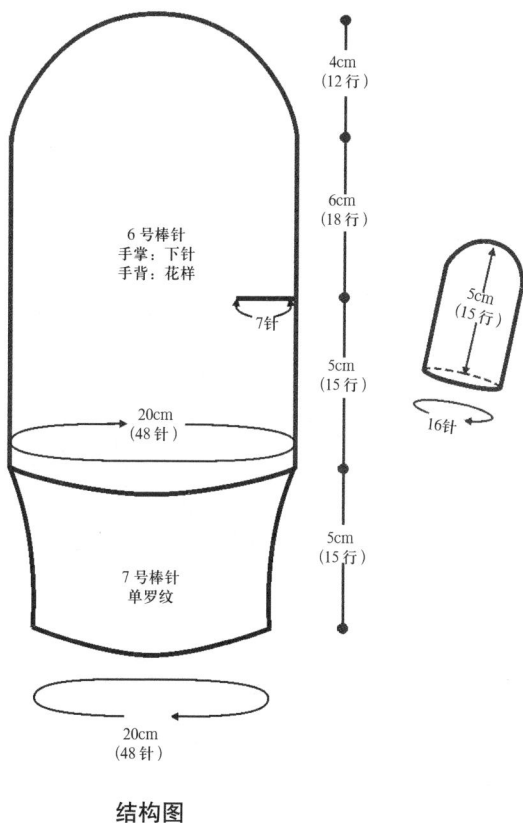

6 号棒针
手掌：下针
手背：花样

7针

20cm
(48针)

7 号棒针
单罗纹

20cm
(48针)

4cm
(12行)

6cm
(18行)

5cm
(15行)

5cm
(15行)

5cm
(15行)

5cm
(15行)

16针

结构图

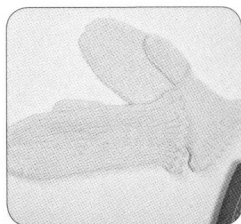

【091】

【成品尺寸】 全长 20cm

【工　　具】 6 号棒针　1.75mm 钩针　毛衣缝合针

【材　　料】 白色 276 型号羊毛线 100g

【密　　度】 $10cm^2$=16 针 ×22 行

【制作过程】

1. 用 6 号棒针起 48 针，整副手套全部织单罗纹，按图示编织手套主体和大拇指。

2. 将手背中间的 5 组上下针用毛衣缝合针缝合成花样，缝合方法为 2、3、4 缝合一次，隔 8 行按 1、2 组和 4、5 组的顺序缝合，如此循环。

3. 如花样图所示，用钩针在起针处钩 1 圈狗牙针。

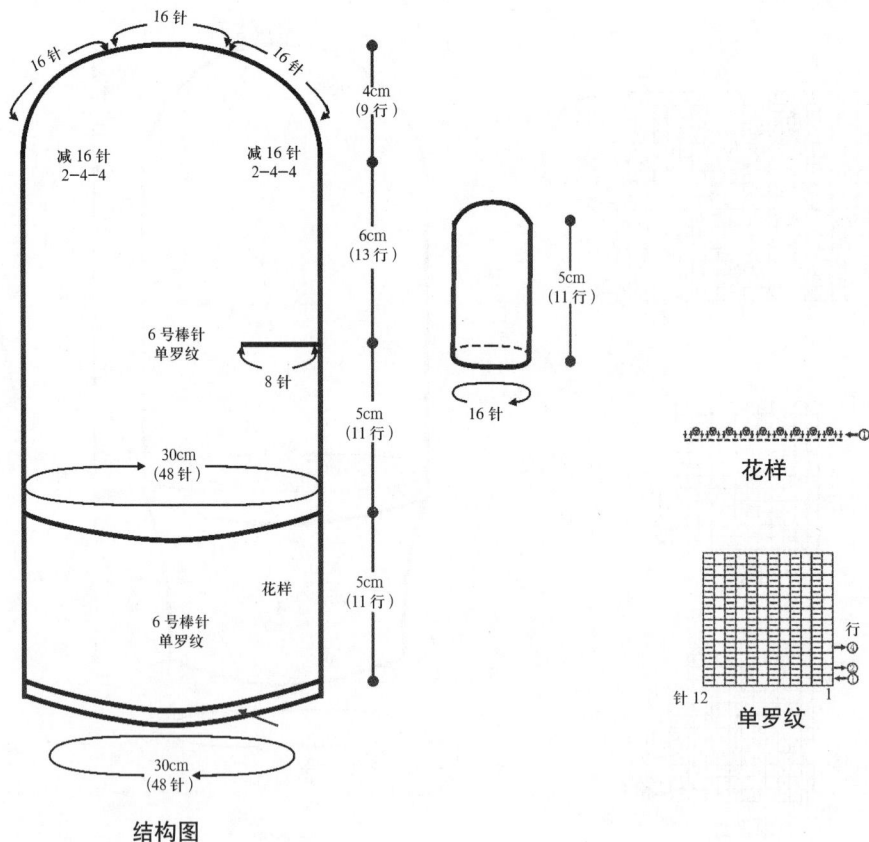

16 针

16 针　　16 针

4cm
（9 行）

减 16 针　　减 16 针
2-4-4　　　2-4-4

6cm
（13 行）

5cm
（11 行）

6 号棒针
单罗纹

8 针

5cm
（11 行）

30cm
（48 针）

16 针

花样

花样

6 号棒针
单罗纹

5cm
（11 行）

30cm
（48 针）

结构图

花样

单罗纹

行

针 12　　　1

【092】

【成品尺寸】全长 35cm

【工　　具】6 号棒针　1.75mm 钩针

【材　　料】天蓝色 276 型号羊毛线 120g

【密　　度】10cm² = 23 针 × 30 行

【制作过程】

1. 用 6 号棒针起 45 针，按花样 A 所示编织完 4 组花后将两端缝合。

2. 用 5 号钩针在刚才缝合好的筒状织物一侧挑 12 个 5 针网眼，如花样 B 所示。

3. 钩到第 5 行时，由钩筒状改为钩片状，钩 4 行，作为大拇指指洞。

4. 继续钩 3 行网眼即可。

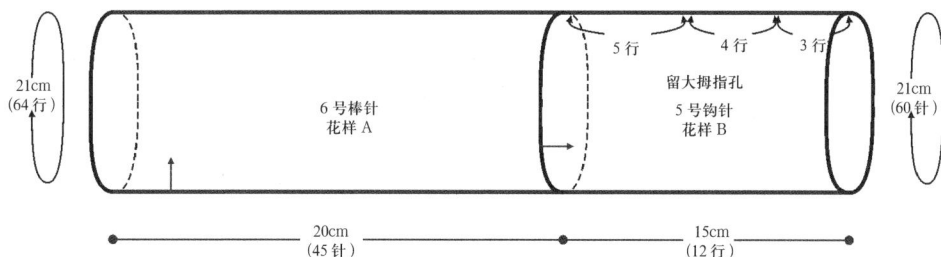

21cm
(64 行)

6 号棒针
花样 A

5 行　　4 行　　3 行

留大拇指孔
5 号钩针
花样 B

21cm
(60 针)

20cm
(45 针)

15cm
(12 行)

结构图

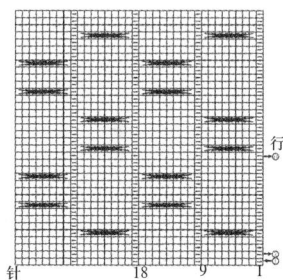

针　　18　　9　　1

行

8

花样 A

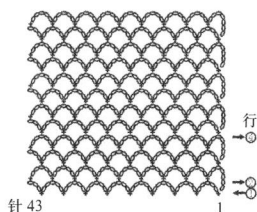

针 43　　　　1

行

花样 B

【093】

【成品尺寸】 全长 30cm

【工　　具】 6 号棒针　7 号棒针

【材　　料】 白色 276 型号羊毛线 150g

【密　　度】 10cm² = 30 针 × 36 行

【制作过程】

1. 用 7 号棒针起 60 针，织双罗纹 4cm。

2. 换 6 号棒针织手背上的花样。花样织法：6 针麻花股（8 行拧 1 次）、2 上针、2 下针、2 上针。

3. 织到第 10 个麻花股时，在手心一侧留出 8 针作为大拇指指洞，下一行织到此时加出 7 针。

4. 继续织 1 个麻花股，然后换 7 号棒针织双罗纹 3cm，收针。

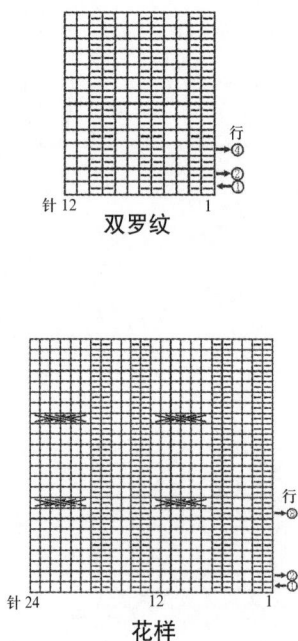

针 12　　　　1

双罗纹

花样

针 24　　12　　　1

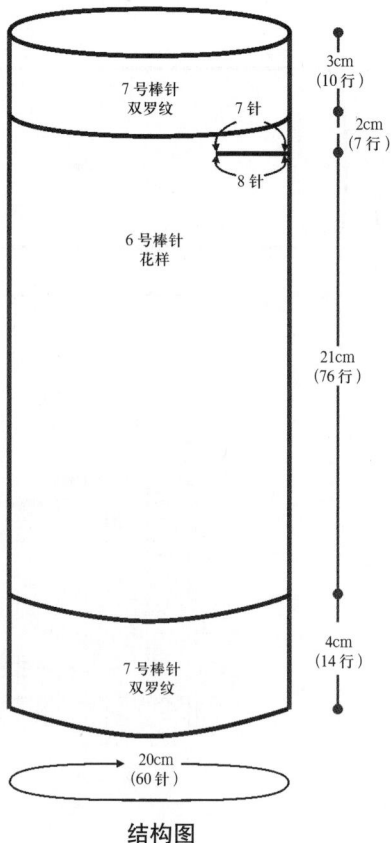

结构图

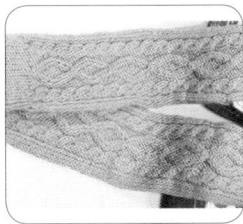

【094】

【成品尺寸】全长 28cm

【工　　具】6 号棒针 7 号棒针

【材　　料】浅紫色 276 型号羊毛线 130g

【密　　度】10cm² =28 针 ×36 行

【制作过程】

1. 用 7 号棒针按 1 上针 1 下针的方式起 48 针，织单罗纹 3cm。

2. 换 6 号棒针按花样所示织手背上的花样，手掌织下针。

3. 织到 20cm 时，在手心一侧留出 8 针作为大拇指指洞，下一行织到此时加出 7 针。

4. 继续织 4cm，换 7 号棒针织单罗纹 1cm，然后收针。

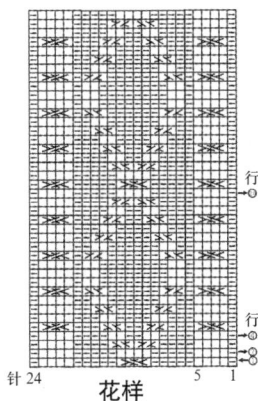

针 24　　　　　5　1
花样

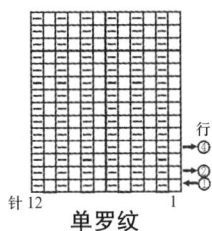

针 12　　　　　1
单罗纹

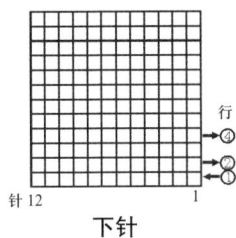

针 12　　　　　1
下针

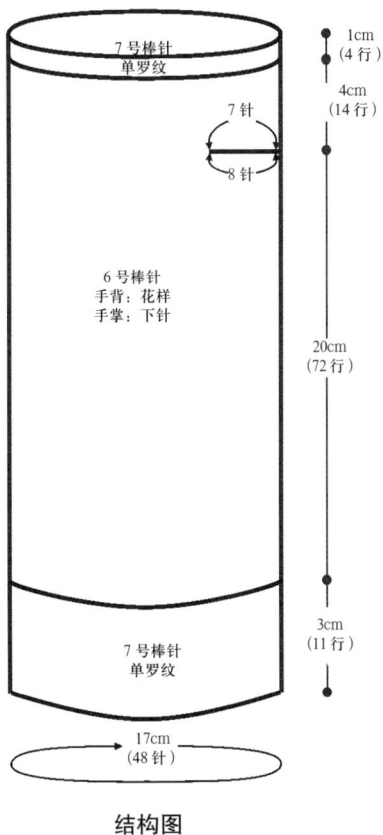

7 号棒针
单罗纹

1cm
(4 行)

4cm
(14 行)

7 针

8 针

6 号棒针
手背：花样
手掌：下针

20cm
(72 行)

7 号棒针
单罗纹

3cm
(11 行)

17cm
(48 针)

结构图

【095】

【成品尺寸】全长 19cm

【工　　具】1.75mm 号钩针

【材　　料】粉红色 216 型号羊毛线 50g

【制作过程】

1. 起 48 针小辫, 首尾相连成圈, 按手套结构图所示进行编织, 并钩花边。

2. 钩完主体后, 从手指花边的第 2 行开始编织第 2 层花边。

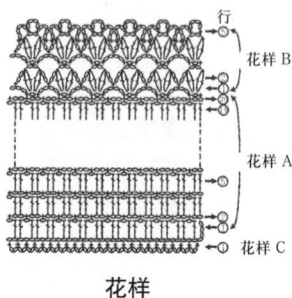

花样

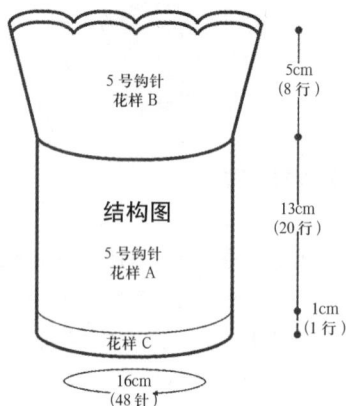

5 号钩针
花样 B

结构图

5 号钩针
花样 A

花样 C

5cm
(8 行)

13cm
(20 行)

1cm
(1 行)

16cm
(48 针)

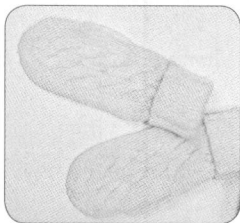

【096】

【成品尺寸】全长 25cm

【工　　具】6 号棒针 7 号棒针

【材　　料】白色 276 型号羊毛线 120g

【密　　度】10cm² =27 针 ×36 行

【制作过程】

1. 用 7 号棒针起 48 针, 织双罗纹 10cm。

2. 换 6 号棒针织手背上的花样。花样织法：8 针麻花股 (8 行拧 1 次), 麻花股之间以及与两侧的平针之间都用 1 上针隔开。

3. 按手套结构图所示完成手套主体和大拇指。

4. 手套顶部减针方法：将所有针数均匀分成 8 份, 隔 1 行减掉 8 针, 直到剩下 16 针时, 抽紧所有的线套。

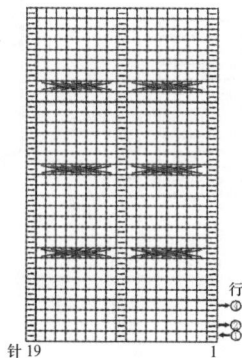

花样

针 19

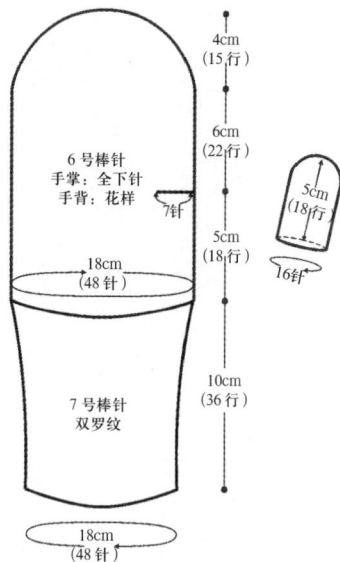

6 号棒针
手掌：全下针
手背：花样

7针

18cm
(48 针)

7 号棒针
双罗纹

18cm
(48 针)

结构图

4cm
(15 行)

6cm
(22 行)

5cm
(18 行)

10cm
(36 行)

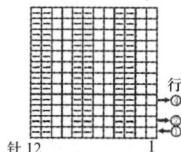

5cm
(18 行)

16针

双罗纹

针 12

【097】

【成品尺寸】手套长 23cm 宽 7cm

【工　　具】7 号棒针 5cm 绒球绕线器

【材　　料】黑色中细棉线 50g 灰色中细棉线 50g

【密　　度】10cm² =14.3 针 ×23.5 行

【制作过程】

1. 棒针编织右手主体，从手腕起织，两股黑色线起 20 针，环织花样，织 18 行后，改用一股黑色线加一股灰色线混合编织，织至 24 行，在拇指侧留起 4 针，次行同一位置加起 4 针，继续织至 36 行，改为两股灰色线编织，织至 50 行，按图解所示减针，织至 54 行，余下 10 针，用线尾串起束状收紧。

2. 棒针编织拇指，两股灰色线沿主体留起的拇指孔挑织 8 针，织下针，织 14 行后，用线尾串起束状收紧。

3. 相反的方向编织另一只手套，颜色搭配刚好与右手相反，利用绒球绕线器，黑色线与灰色线分别制作 2 个绒球，分别缝合于手套背部。

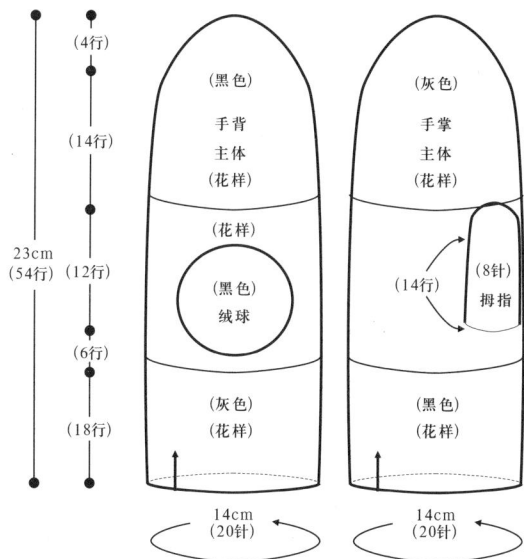

手套结构图

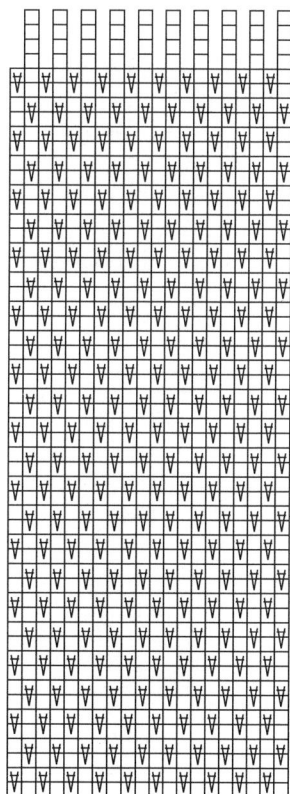

（手背）　　　（手掌）
手套主体

【098】

【成品尺寸】 全长 28cm

【工　　具】 6 号棒针　7 号棒针

【材　　料】 浅灰色 276 型号羊毛线 130g

【密　　度】 10cm² = 16 针 × 32 行

【制作过程】

1. 用 7 号棒针按 1 上针 1 下针的方式起 48 针，织单罗纹 3cm。

2. 换 6 号棒针按图示织手背上的花样，手掌织下针。

3. 织到 18cm 时，在手心一侧留出 7 针作为大拇指指洞，下一行织到此时加出 7 针。

4. 继续织 6cm，换 7 号棒针织单罗纹 1cm，然后收针。

5. 在预留的大拇指指洞处挑出 16 针织 2.5cm 作为大拇指。

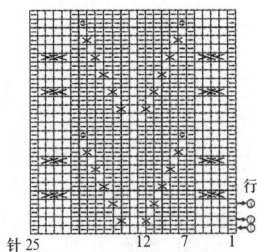

行

针25　　　　　12　7　　1

花样

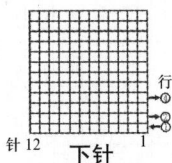

行

针12　　　　　　　1

下针

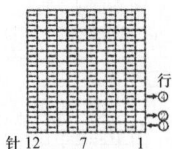

行

针12　　　7　　1

单罗纹

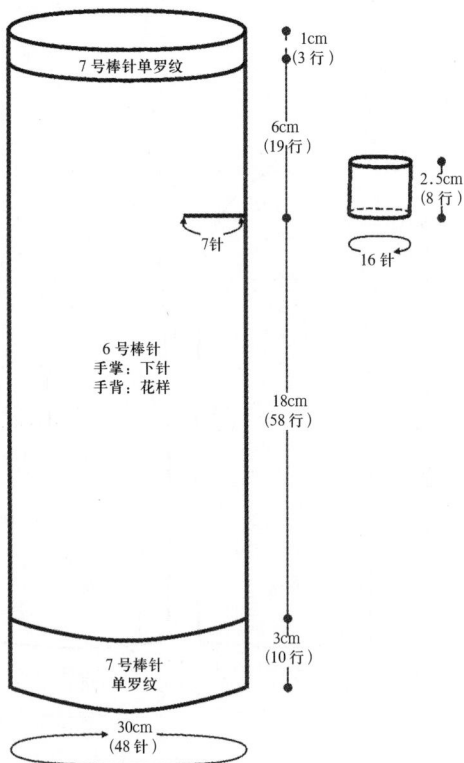

1cm
(3 行)

7 号棒针单罗纹

6cm
(19 行)

2.5cm
(8 行)

7针

16 针

6 号棒针
手掌：下针
手背：花样

18cm
(58 行)

7 号棒针
单罗纹

3cm
(10 行)

30cm
(48 针)

结构图

【099】

【成品尺寸】 全长 35cm

【工　具】 6 号棒针　7 号棒针

【材　料】 亚麻色 276 型号羊毛线 150g

【密　度】 $10cm^2$=16 针 ×31 行

【制作过程】

1. 用 7 号棒针按 1 上针 1 下针的方式起 48 针，织单罗纹 3cm。

2. 换 6 号棒针按花样图所示织手背上的花样，手掌织下针。

3. 织到 20cm 时，按结构图所示织大拇指，并减针。

4. 手套顶部减针方法：将所有针数均匀分成 8 份，隔一行减掉 8 针，直到剩下 16 针时，抽紧所有的线套即可。

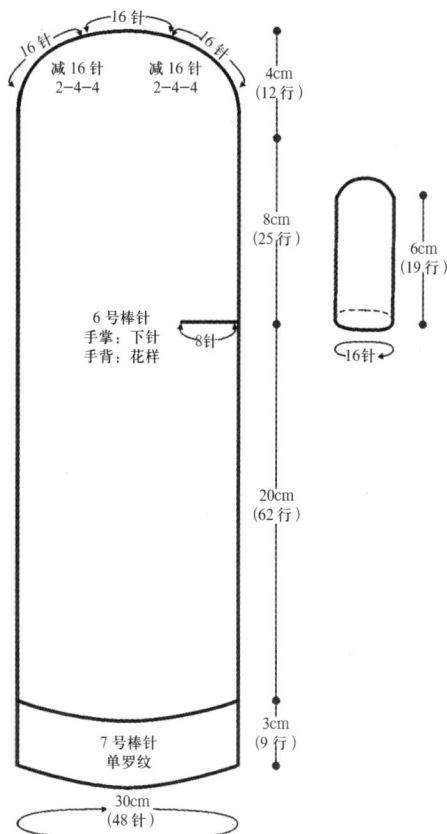

结构图

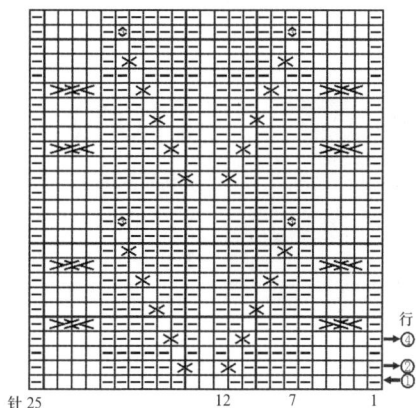

花样

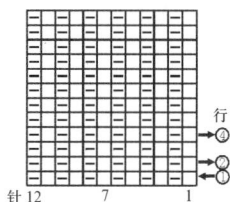

单罗纹

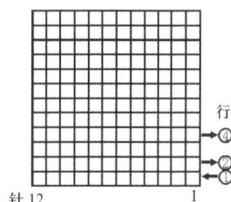

下针

【100】

【成品尺寸】 全长 18cm

【工　　具】 6 号棒针　7 号棒针

【材　　料】 亮紫色 276 型号羊毛线 80g

【密　　度】 10cm² = 18 针 × 24 行

【制作过程】

1. 用 7 号棒针起 48 针，织双罗纹 4cm。

2. 换 6 号棒针织花样。花样织法：2 上针、6 针麻花股（6 行拧一次）、2 上针，共排列 2 个花样，2 个花样之间用 2 下针隔开。

3. 织到 11cm 时，留出 8 针做大拇指指洞。下一行织到此时，加出 8 针补充完大拇指指洞。

4. 继续织 3cm 后，换 7 号棒针织双罗纹 3cm，收针。

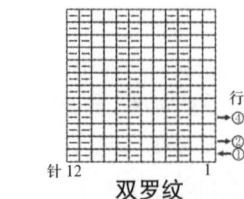

行
④
③
②
①

针 12　　　　　　　　1

双罗纹

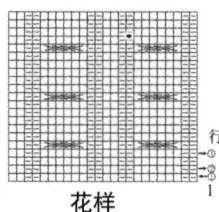

行
④
③
②
①

针 24

花样

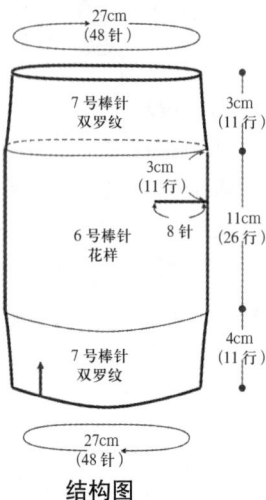

27cm
(48 针)

7 号棒针
双罗纹

3cm
(11 行)

3cm
(11 行)

8 针

6 号棒针
花样

11cm
(26 行)

7 号棒针
双罗纹

4cm
(11 行)

27cm
(48 针)

结构图

【101】

【成品尺寸】 全长 16cm

【工　　具】 2mm 钩针　毛衣缝合针

【材　　料】 红色 216 型号羊毛线 50g
蓝色 216 型号羊毛线 5g

【制作过程】

1. 用红色线起 40 针小辫，首尾相连成圈，按花样 A 所示钩花样。

2. 钩到第 7 行时，回来钩片状，钩 4 行，此为大拇指指洞。

3. 再连接成圈钩筒状，继续钩 5 行。

4. 用蓝色线按花样 B 所示钩手套两端的花边。

5. 按花样 C 所示钩两只蝴蝶，缝合在手背处。

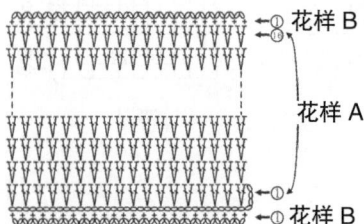

← 花样 B

花样 A

← 花样 B

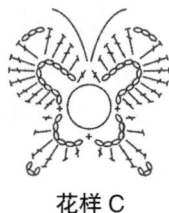

花样 C

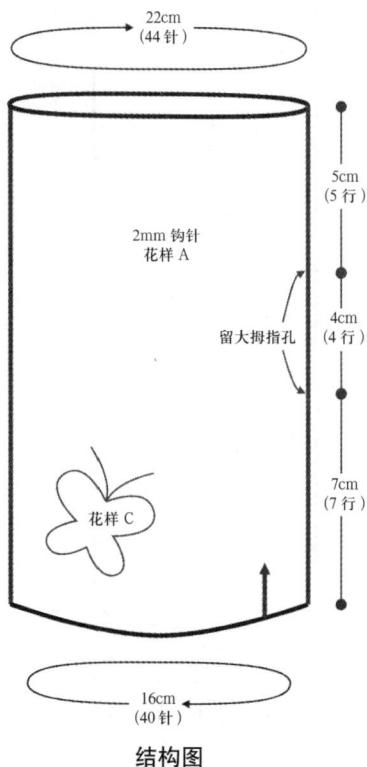

22cm
(44 针)

2mm 钩针
花样 A

5cm
(5 行)

留大拇指孔

4cm
(4 行)

花样 C

7cm
(7 行)

16cm
(40 针)

结构图

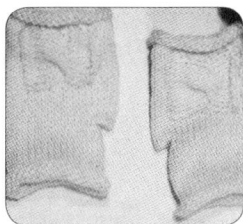

【102】

【成品尺寸】全长 17cm

【工　　具】6 号棒针

【材　　料】白色 245 型号棒针羊毛线 60g

【密　　度】10cm^2=16 针 ×22 行

【制作过程】

1. 起平针 36 针，平织 9cm。

2. 在任意处收掉 12 针作为大拇指指洞。

3. 继续平织 8cm 后收针。

4. 另起 8 针织 6 行后拧一个麻花股，继续织 6 行收针，如花样图所示。

5. 将后织的麻花股缝合在手背上。

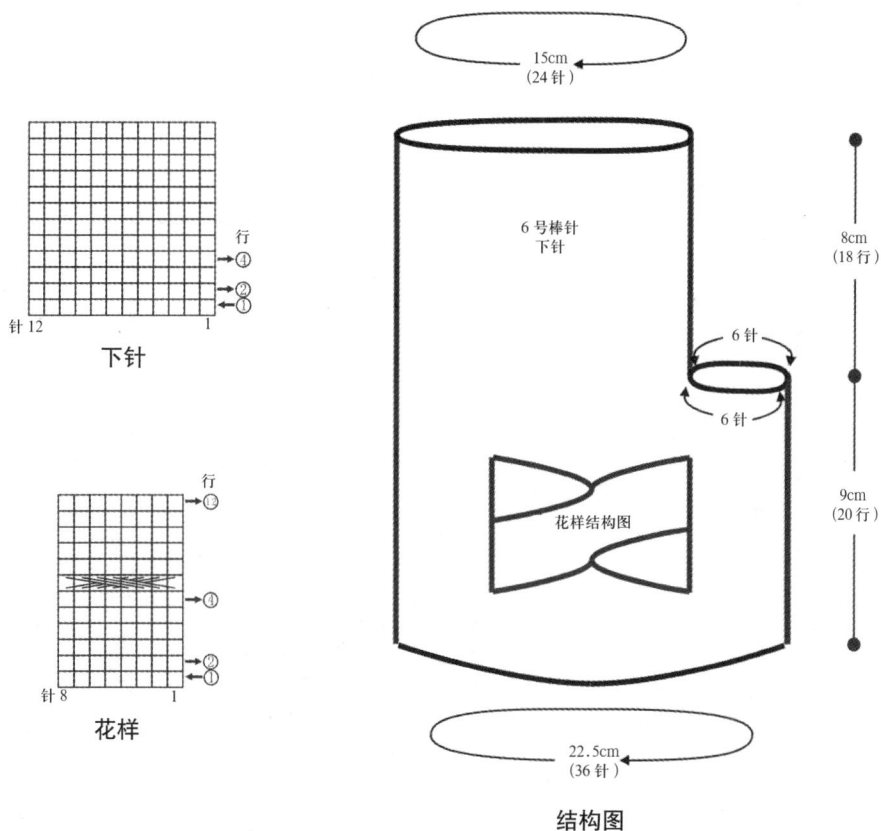

下针

花样

结构图

【103】

【成品尺寸】全长 13cm

【工　　具】6 号棒针 4mm 钩针 7 号棒针

【材　　料】嫩绿色 276 型号羊毛线 50g

【密　　度】10cm² = 20 针 × 26 行

【制作过程】

1. 用 6 号棒针起 36 针下针，平织 2 行，织片。

2. 从一边留出 7 针准备加大拇指。大拇指加法：以第 8、9 针为中心，每隔一行均在这 2 针两侧各加出 1 针，一直加到 16 针为止。

3. 织手背上的水滴形开口。第 3 行、第 5 行、第 7 行分别在织片两侧各减 1 针，平织 10 行，加 10 针，使织片连成筒状。

4. 平织 11 行后换 7 号棒针织单罗纹，织 4 行后收针。

5. 用钩针沿手套起针及水滴形处钩 1 圈长针。

6. 在水滴形状的开口处钉上纽扣，使开口闭合。

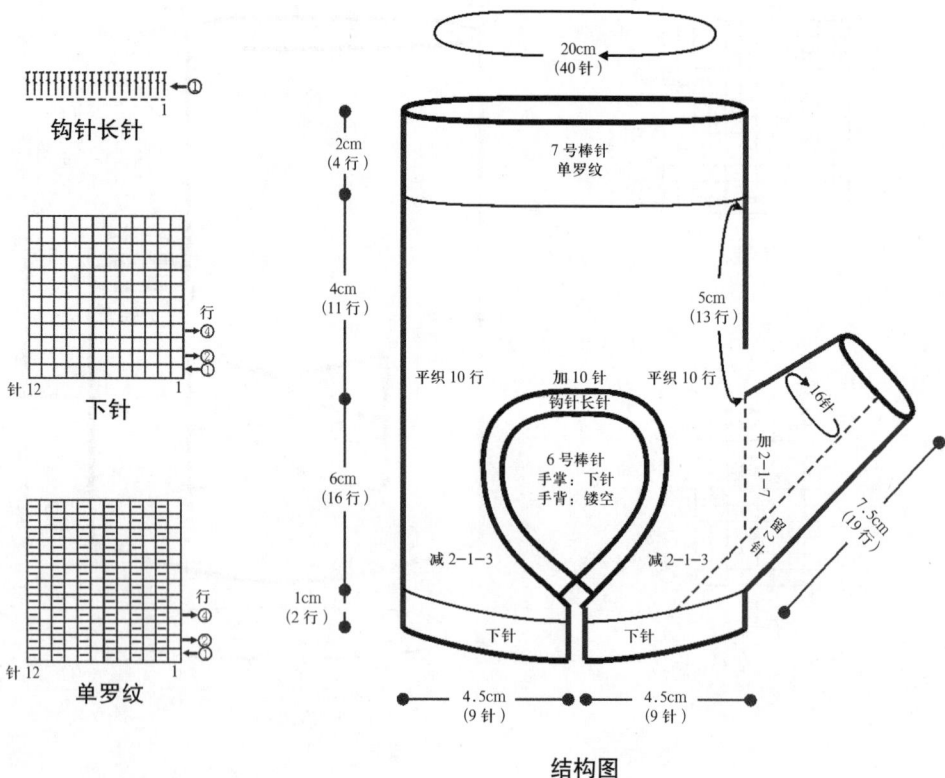

钩针长针

下针

单罗纹

结构图

【104】

【成品尺寸】全长 16cm

【工　　具】6 号棒针 7 号棒针

【材　　料】芥末黄色 276 型号羊毛线 90g

【附　　件】纽扣 2 枚

【密　　度】10cm² = 26 针 ×32 行

【制作过程】

1. 用 7 号棒针起 48 针，织单罗纹 5cm。

2. 换 6 号棒针织手背花样。花样织法：第 1 ~ 2 行织 1 上针 1 下针，第 3 ~ 4 行织 1 下针 1 上针，如此循环。

3. 织到 6cm 时，留出 8 针作为大拇指指洞，下一行织到此时加出 6 针。

4. 继续织 4cm，换 7 号棒针织单罗纹 1cm。

5. 在预留的大拇指指洞处挑出 16 针，织 2.5cm 作为大拇指。

6. 用 6 号棒针起 4 针，织下针 4cm，将其一端固定在手套的一侧，另一端用纽扣固定在手套另一侧。

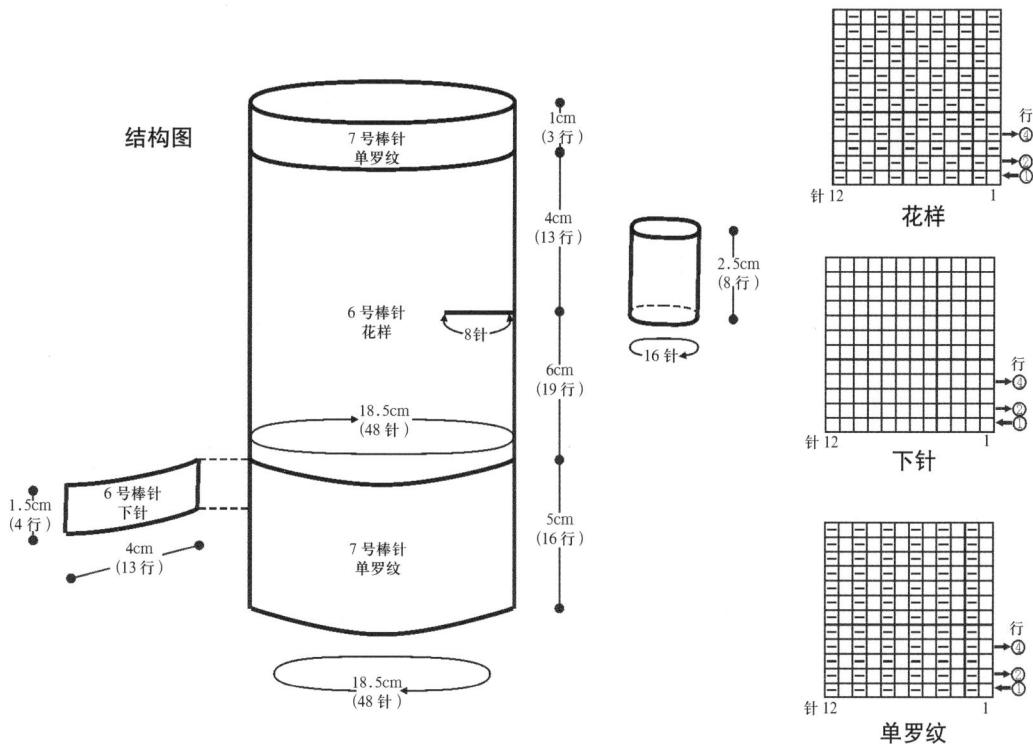

【105】

【成品尺寸】 全长 22cm

【工　　具】 6 号棒针　7 号棒针

【材　　料】 暖粉红色 276 型号羊毛线 110g　白色 276 型号羊毛线 10g

【密　　度】 10cm² = 27 针 × 36 行

【制作过程】

1. 用暖粉红色线 7 号棒针起 48 针，织单罗纹，按 2 行一换色的方法织出 4 道白色条纹。

2. 换 6 号棒针用暖粉红色线按花样图解所示织手背上的花样。

3. 按手套结构图所示完成手套主体和大拇指。

5cm
(18 行)

6cm
(22 行)

7cm
(25 行)

6cm
(22 行)

13 针　15 针　16 针　14 针

▲ 表示加起 2 针
▲ 表示挑起 2 针

6 针　6 针　6 针

5 针

6 针

5 针

6 针　6 针　6 针

4cm
(14 行)

5cm
(18 行)

6 号棒针
手掌：下针
手背：花样

8 针

6cm
(22 行)

16 针

18cm
(48 针)

5cm
(18 行)

7 号棒针
单罗纹

18cm
(48 针)

结构图

针 20　　　　　　1

花样

针 12　　1

单罗纹

行

针 12　　1

下针

【106】

【成品尺寸】全长 25cm

【工　　具】6 号棒针　7 号棒针

【材　　料】浅蓝色 276 型号羊毛线 120g　白色 276 型号羊毛线 5g

【密　　度】10cm² = 28 针 × 36 行

【制作过程】

1. 用 7 号棒针、浅蓝色线起 48 针，织单罗纹 10cm，在 2cm 的高度处织 2 条 2 行白色的花纹。

2. 换 6 号棒针织手背上的花样。花样织法：8 针麻花股（8 行拧 1 次），麻花股之间以及与两侧的平针之间都用 1 下针隔开。

3. 按手套结构图所示完成手套主体和大拇指。

4. 手套顶部减针方法：将所有针数均匀分成 8 份，隔 1 行减掉 8 针，直到剩下 16 针时，抽紧所有的线套。

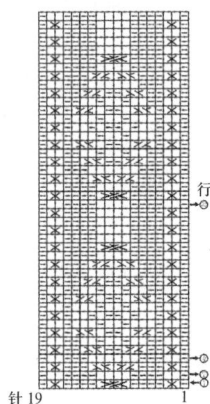

针 19　　　　　1

花样

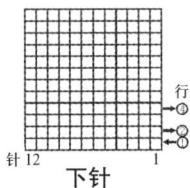

针 12　　　1

下针

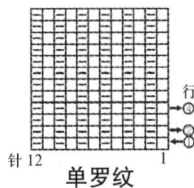

针 12　　　1

单罗纹

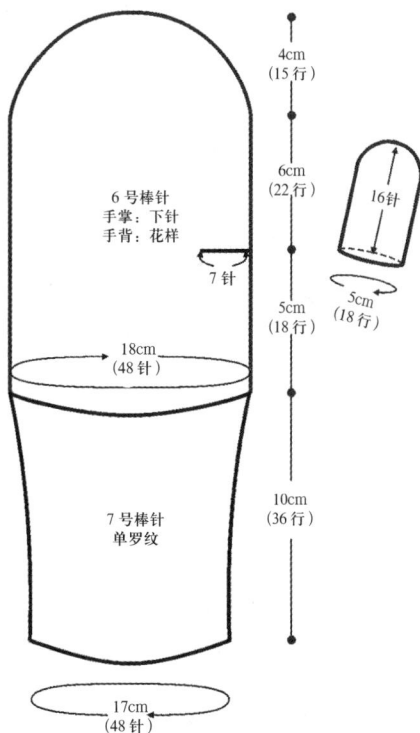

结构图

【107】

【成品尺寸】 全长 28cm

【工　　具】 6 号棒针

【材　　料】 暖粉红色 276 型号羊毛线 110g　白色 276 型号羊毛线 10g

【密　　度】 10cm² = 19 针 × 21 行

【制作过程】

1. 起平针 52 针，织片状。

2. 花样排列方法：两边分别留出 7 针和 21 针，按第 1 行 1 上针 1 下针、第 2 行 1 下针 1 上针的方法编织；在 21 针的左侧织 6 针麻花股（6 行拧 1 次），麻花股两边用上针做间隔，剩余 16 针织平针。

3. 织完 15cm 后两端缝合，在麻花股靠近 21 针花样处留出 7 针不缝合作为大拇指指洞。

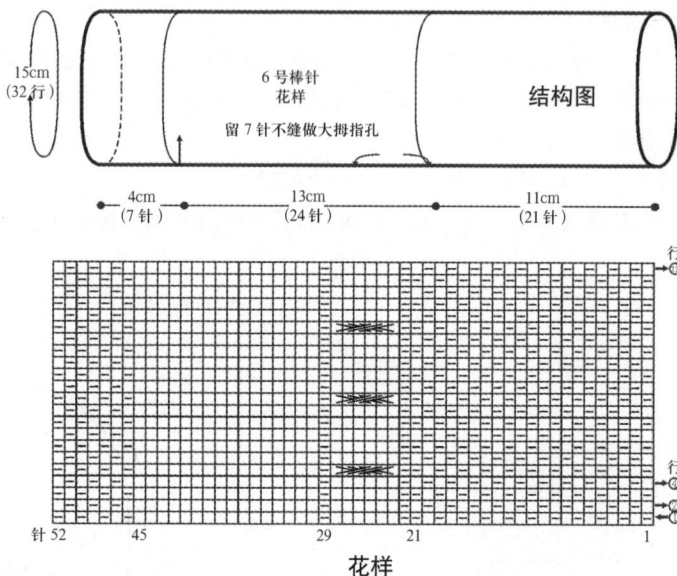

15cm
(32 行)

6 号棒针
花样
留 7 针不缝做大拇指孔

结构图

4cm (7 针)　　13cm (24 针)　　11cm (21 针)

行

行

针 52　　45　　29　　21　　1

花样

【108】

【成品尺寸】 帽子高 20cm　帽围 46cm　手套长 28cm　宽 9cm

【工　　具】 10 号棒针　5cm 绒球绕线器

【材　　料】 黄色粗棉线 200g　蓝色粗棉线 5g

【密　　度】 10cm² = 13 针 × 20 行

【制作过程】

1. 棒针编织主体，黄色线起 60 针，按花样图解环形编织，织 4 行单罗纹后，改织花样 A，共 5 组花样，织至 36 行，按图解所示方法减针，织至 40 行，余下 30 针，用线尾将针数束状收紧。

2. 利用绒球绕线器，黄色线与绿色线混合制作 1 个绒球，缝合于帽顶。

3. 棒针编织主体，从手腕起织，起 24 针，环形单罗纹，织 16 行后，开始编织主体，手掌 11 针织下针，手背 13 针织花样 B，织 12 行后，在拇指侧留起 4 针，次行同一位置加 4 针，继续织 24 行，按图解所示减针，织至 56 行，余下 8 针，用线尾串起束状收紧。

4. 棒针编织拇指，沿主体留起的拇指孔挑织 8 针，织下针，织 12 行后，用线尾串起束状收紧。

5. 相反的方向编织另一只手套，利用绒球绕线器，黄色线与绿色线混合制作 2 个绒球，分别缝合于手套背部。

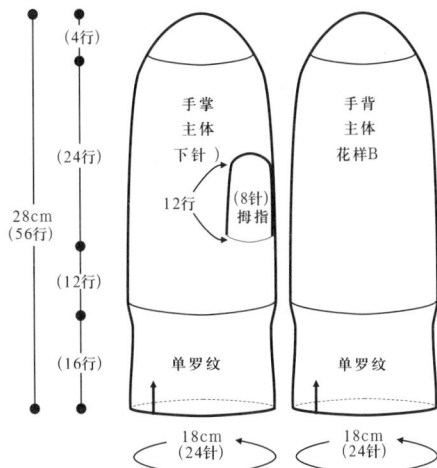

(4行)

(24行)

28cm
(56行)

(12行)

(16行)

手掌
主体
下针

12行

(8针)
拇指

手背
主体
花样B

单罗纹

单罗纹

18cm
(24针)

18cm
(24针)

手套结构图

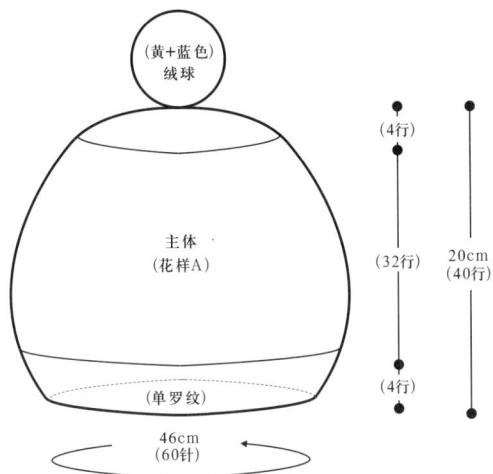

(黄+蓝色)
绒球

(4行)

主体
(花样A)

32行

20cm
(40行)

(单罗纹)

(4行)

46cm
(60针)

帽子结构图

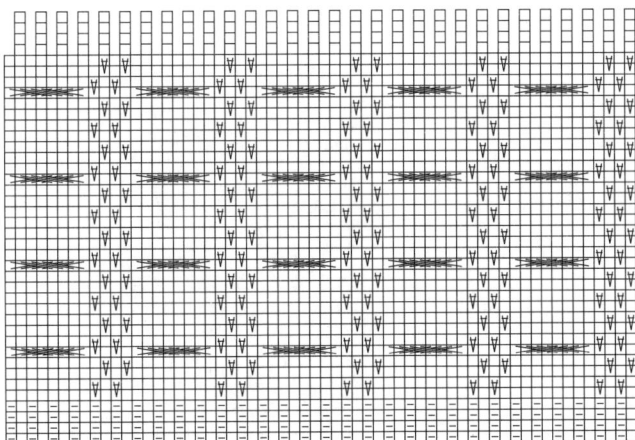

帽子主体花样

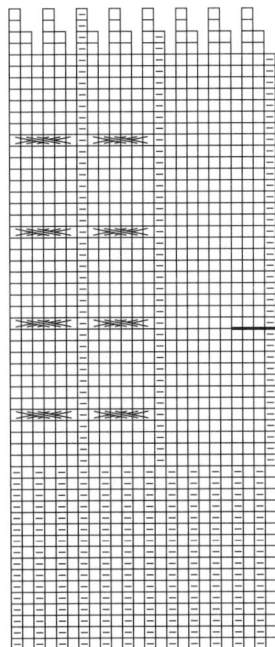

（手背）　　（手掌）

手套主体

【109】

【成品尺寸】 帽长 22cm　帽围 52cm　围巾长 165cm　宽 24cm

【工　　具】 2mm 钩针

【材　　料】 紫色七彩貂绒线 90g

【制作过程】

1. 帽子：(1) 在 1 个针孔内起 22 针长针，并首尾相连。

(2) 按花样 A 所示每行均匀加出 11 针长针，一直加到 99 针。

(3) 按花样 B 所示钩花样，注意第 1 行钩网眼时，每 3 针小辫的首尾相隔的都是 1 针，这样才能保证帽围够大。

2. 围巾：(1) 起 44 针小辫，按图示钩花样，钩 165cm 长。

(2) 将围巾的一端与围巾的一侧相缝合，使之形成 1 个三角形即可。

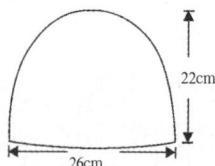

帽子结构图

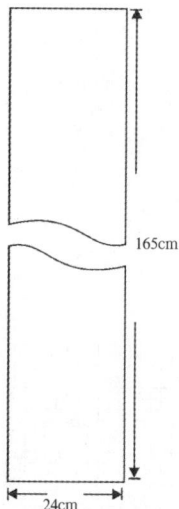

围巾结构图

花样 A

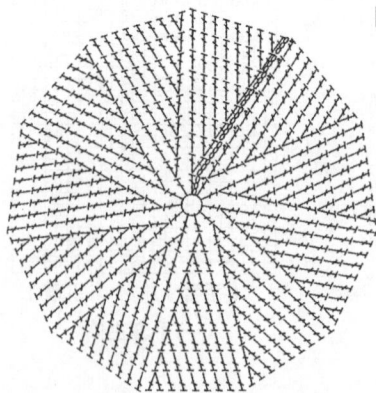

花样 B

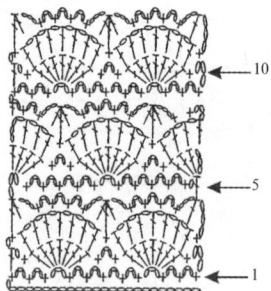

花样图

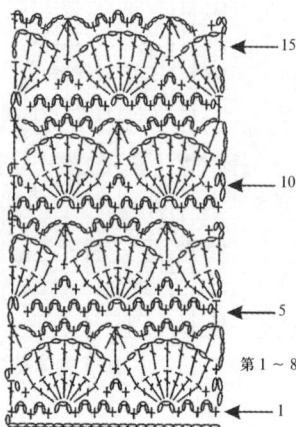

第 1～8 行为 1 花样

【110】

【成品尺寸】 帽子高 29　帽围 34　围巾长 227cm　宽 17cm　手套长 31cm
宽 7cm

【工　　具】 7号棒针

【材　　料】 黄色中细棉线 450g

【密　　度】 10cm² = 25.3针 × 27.6行

【制作过程】

1. 帽子：棒针编织主体，起 86 针，按花样图解环形编织，织 40 行单罗纹后，第 41 行起，改织花样 A，织至 74 行后，按图解所示方法减针，织至 80 行，余下 43 针，用线尾将针数束状收紧。

2. 围巾：（1）棒针编织围巾主体，起 49 针按花样图解往返编织花样 B，不加减针织 227cm，收针断线。

（2）在围巾两端各系 9 束约 12cm 长的流苏。

3. 手套：（1）棒针编织右手主体，从手腕起织，起 48 针，环织双罗纹，织 40 行后，改织花样 C，织至 50 行，手掌侧留起 8 针不织，次行同一位置加起 8 针，织至 64 行，第 65 行起开始编织手指。

（2）将织片分成四部分，分别编织手指。食指挑起 14 针，靠中指侧加起 2 针，共 16 针织下针，织 20 行后，用线尾串起束状收紧。中指在手掌部分挑起 6 针，食指侧挑起 2 针，手背部分挑起 6 针，无名指侧加起 2 针，共 16 针，织 22 行，用线尾串起束状收紧。无名指在手掌部分挑起 5 针，中指侧挑起 2 针，手背部分挑起 5 针，无名指侧加起 2 针，共 14 针，织 20 行，用线尾串起束状收紧。小指挑起 12 针，靠无名指侧加起 2 针，共 14 针织下针，织 16 行后，用线尾串起束状收紧。

（3）棒针编织拇指，沿主体留起的拇指孔挑织 16 针，织下针，织 18 行后，用线尾串起束状收紧。

（4）相反的方向编织另一只手套。

下针

花样 A

单罗纹

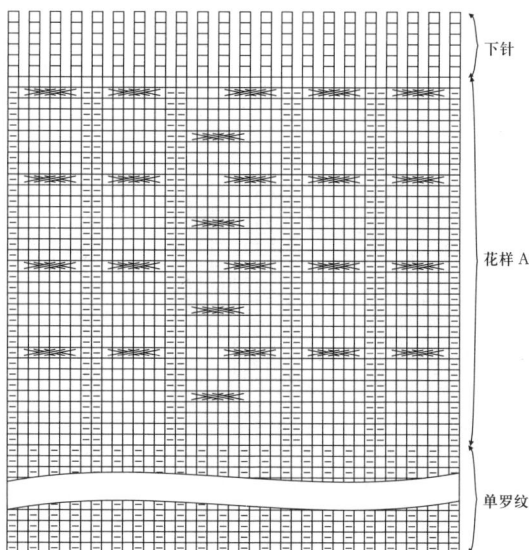

帽子主体花样

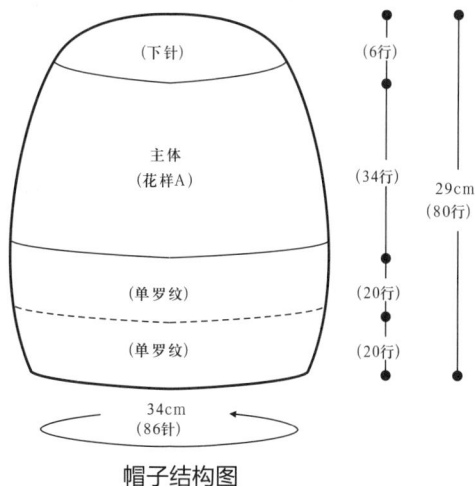

（下针）

主体
（花样A）

（单罗纹）

（单罗纹）

（6行）

（34行）

（20行）

（20行）

29cm
（80行）

34cm
（86针）

帽子结构图

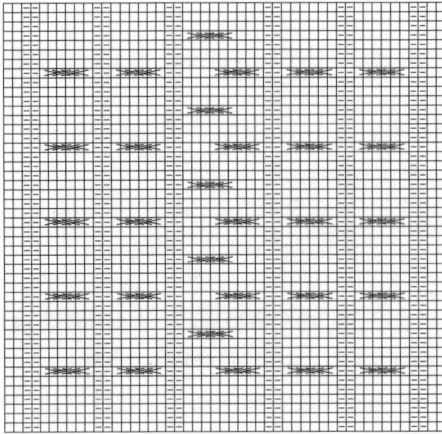

围巾主体花样

主体
（花样B）

227cm
（626行）

17cm
（49针）

围巾结构图

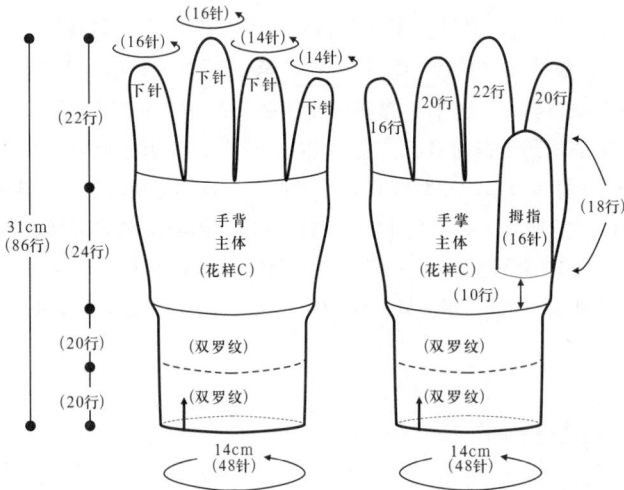

（16针）
（16针）
（14针）
（14针）
下针　下针　下针　下针

（22行）

31cm
（86行）

（24行）

（20行）

（20行）

手背
主体
（花样C）

手掌
主体
（花样C）
（10行）

（双罗纹）

（双罗纹）

（双罗纹）

（双罗纹）

14cm
（48针）

14cm
（48针）

20行　22行　20行

16行

拇指
（16针）

（18行）

手套结构图

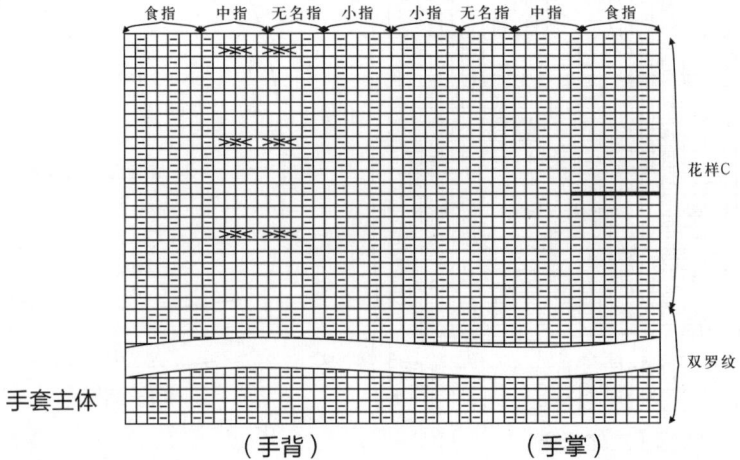

食指　中指　无名指　小指　小指　无名指　中指　食指

花样C

双罗纹

手套主体

（手背）

（手掌）

【111】

【成品尺寸】 帽子高 22cm　帽围 50cm　护耳长 10cm　手套长 21cm　宽 9cm

【工　　具】 10 号棒针 5cm 绒球绕线器

【材　　料】 米色粗棉线 160g 红色粗棉线 40g

【密　　度】 10cm² = 9.6 针 × 15 行

【制作过程】

1. 帽子：（1）从护耳向帽顶棒针编织，先织护耳，起 2 针，按图解编织下针，一边织一边两侧按每 4 行加 1 针加 4 次的方法加针，织至 16 行，同样的方法织另一护耳，第 17 起织帽围，前沿加起 18 针，后沿加起 14 针，共 48 针环形编织，如图解所示，织 8 行花样后，改织下针，米色线与红色线组合编织图案，织 10 行后，改织花样，织至 40 行，改织下针，按图解所示减针，织至 48 行，余下 12 针，用线尾穿起收紧。

（2）编织 6 条长约 30cm 长的辫子，系于护耳底部。

（3）利用绒球绕线器，制作 7 个绒球，分别缝合于帽子顶部及护耳辫子末端。

2. 手套：（1）棒针编织主体，从手腕起织，起 18 针，环织花样，织 8 行后，开始编织手掌，织下针，织 2 行后，在拇指侧留起 3 针，次行同一位置加起 3 针，继续织 10 行，米色线与红色线组合编织图案，第 21 行起改织花样，织 6 行后，按图解所示减针，织至 32 行，余下 6 针，用线尾穿起束状收紧。

（2）棒针编织拇指，沿主体留起的拇指孔挑织 6 针，织下针，织 10 行后，用线尾穿起束状收紧。

（3）相反的方向编织另一只手套，再钩织长约 80cm 绳子将两只手套连接。

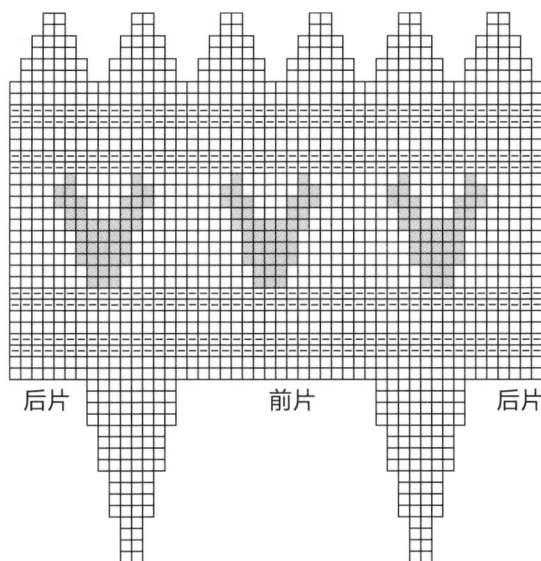

帽子主体

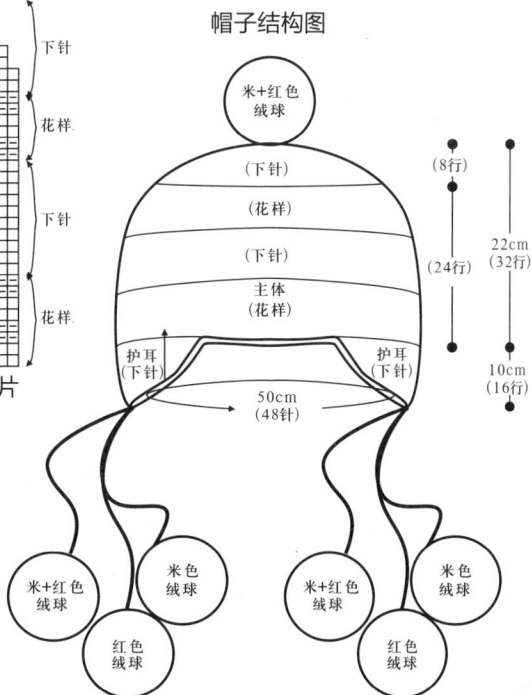

帽子结构图

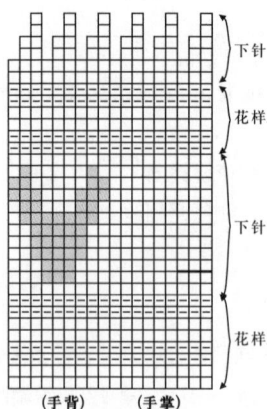

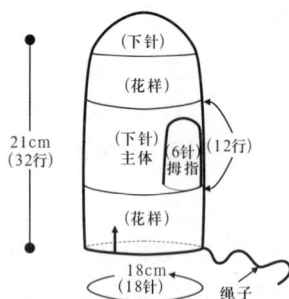

下针

花样

下针

花样

(手背)　(手掌)

手套主体

(下针)

(花样)

(下针)
主体　(6针)
拇指　(12行)

21cm
(32行)

(花样)

18cm
(18针)

绳子

手套结构图

【112】

【成品尺寸】帽长 20cm　帽围 51cm　手套全长 17cm

【工　　具】6 号棒针　7 号棒针

【材　　料】浅紫色 276 型号羊毛线若干

【密　　度】帽子：10cm² = 22 针 × 26 行　手套：10cm² = 18 针 × 25 行

【制作过程】

1. 帽子：(1) 用 7 号棒针按 1 上针 1 下针方式起 112 针，织 3cm 高。

(2) 换 6 号棒针织花样图所示花样，织至 15cm 的高度，从帽顶减针。

(3) 每 13 针即 1 组单元花减 2 针，每 2 行减 1 次，共减 6 次，余下 8 针，抽紧针上所有的线套。

2. 手套：(1) 用 7 号棒针起 48 针，织单罗纹 3cm。

(2) 换 6 号棒针按花样图所示织手背花样，其余部分织下针。

(3) 织到 10cm 时，在手心一侧留出 8 针作为大拇指指洞，下一行织到此时再加出 7 针。

(4) 继续织 6cm 后，换 7 号棒针织单罗纹 1cm，然后收针。

帽子结构图

单罗纹

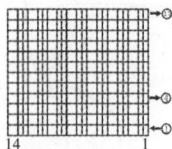

14　　　　1

花样

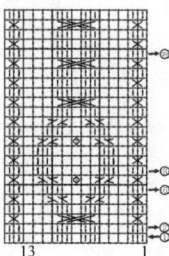

13　　　1

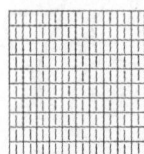

下针

(21针)

6 号棒针
花样

7 号棒针
单罗纹

5cm
(12行)

12cm
(32行)　20cm
(52行)

3cm
(8行)

51cm
(112针)

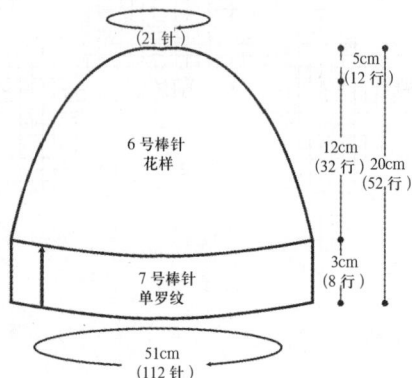

花样

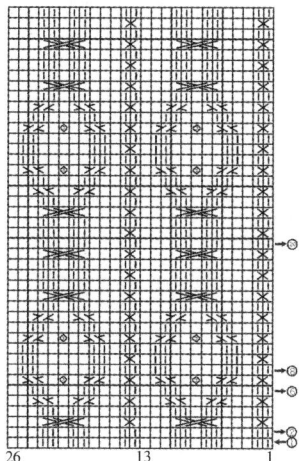

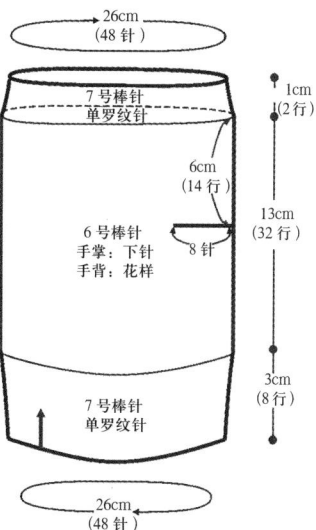

手套结构图

26cm
(48 针)

7 号棒针
单罗纹针

6cm
(14 行)

1cm
(2 行)

13cm
(32 行)

6 号棒针
手掌：下针
手背：花样

8 针

3cm
(8 行)

7 号棒针
单罗纹针

26cm
(48 针)

26   13   1

【113】

【成品尺寸】帽长 25cm 帽围 52cm 围巾长 150cm 围巾宽 19cm

【工　　具】6 号棒针

【材　　料】米色 276 型号羊毛线若干

【密　　度】帽子：10cm² =22 针 ×24 行 围巾：10cm² =22 针 ×25 行

【制作过程】

1.帽子：（1）先织帽边，按编织方向，以下针的方式起 10 针，按花样 A 织 52cm 花样，成 1 个矩形对折，A 与 B 缝合。

（2）在织片的左侧从反面按编织方向挑 114 针，按花样 B 所示织花样。

（3）织到 19cm 后，开始减针，减针方法：第 1 行 2 针并 1 针，第 2 行平织，循环 2 次，至剩下 18 针。

（4）抽紧针上的剩余针套即可。

2.围巾：（1）按编织方向以下针的方式起 42 针，然后按花样图编入花样。

（2）按图编织花样至 150cm 后，再以下针的方式收针。

（3）以 5 根 30cm 长的毛线为 1 组，对折系到围巾的两端。

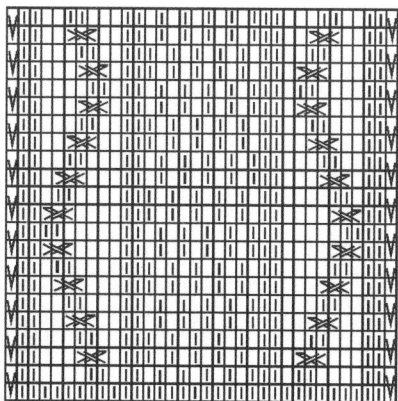

花样 A

花样 B

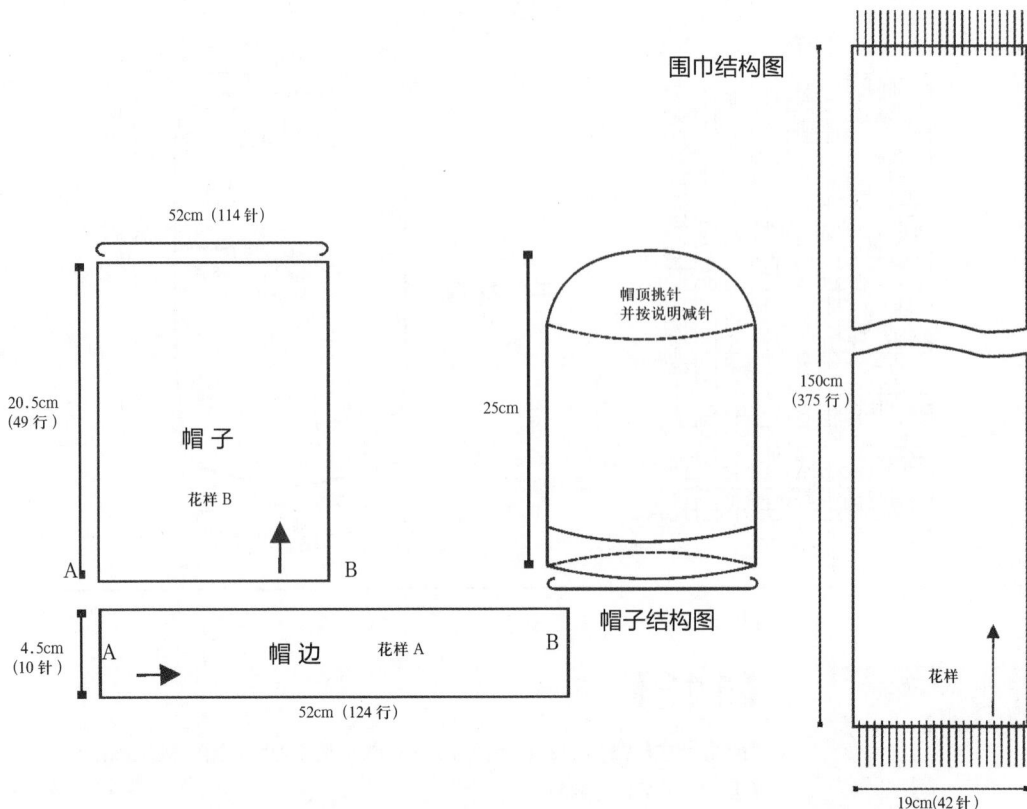

52cm（114针）

帽子

花样 B

20.5cm
（49行）

A   B

4.5cm
（10针）

A   帽边   花样 A   B

52cm（124行）

25cm

帽顶挑针
并按说明减针

帽子结构图

150cm
（375行）

花样

19cm（42针）

【114】

【成品尺寸】 帽长 25cm 帽围 52cm 围巾长 140cm 宽 20cm

【工　　具】 6 号棒针 7 号棒针

【材　　料】 紫色 276 型号羊毛线若干

【密　　度】 帽子：10cm² =22 针 ×32 行 围巾：10cm² =22 针 ×22 行

【制作过程】

1. 帽子：（1）用 7 号棒针按编织方向以 2 上针 2 下针的方式起 114 针，织成圈，先织 10cm 双罗纹。

（2）换 6 号棒针改织花样。

（3）织到 20cm 时，开始减针，减针方法：第 1 行按 2 针并 1 针的方法收针，第 2 行平织，如此循环，最后剩下 15 针。

（4）抽紧针上的剩余针套即可。

（5）将底边朝外卷起 7cm，形成帽子的帽边。

2. 围巾：（1）按编织方向以下针的方式起 44 针，织 6cm 双罗纹。

（2）按图示织花样。

（3）花样编织至 134cm 后，织 6cm 双罗纹。

（4）以下针的方式收针。

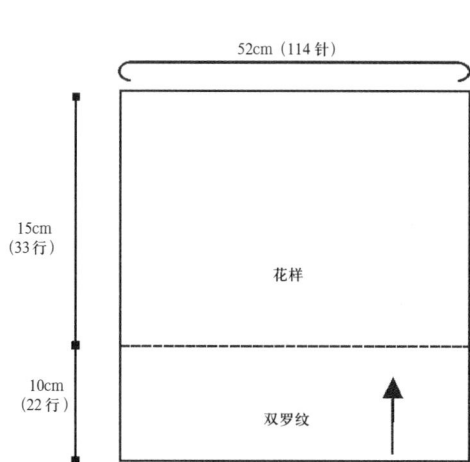

52cm（114针）

15cm
（33行）

花样

10cm
（22行）

双罗纹

帽子结构图

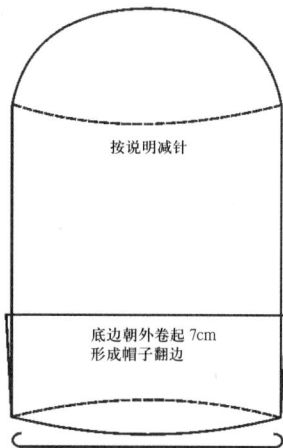

按说明减针

底边朝外卷起7cm
形成帽子翻边

成品帽子结构图

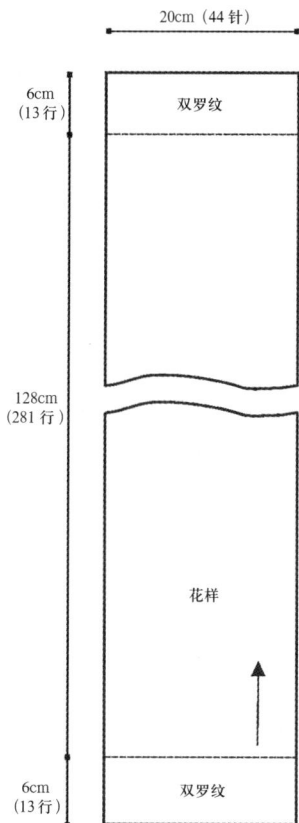

20cm（44针）

6cm
（13行）

双罗纹

128cm
（281行）

花样

6cm
（13行）

双罗纹

围巾结构图

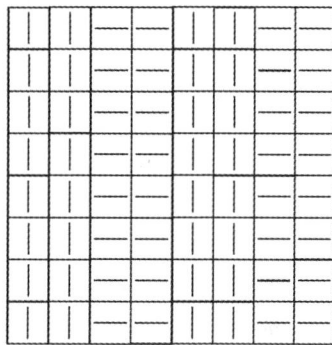

双罗纹

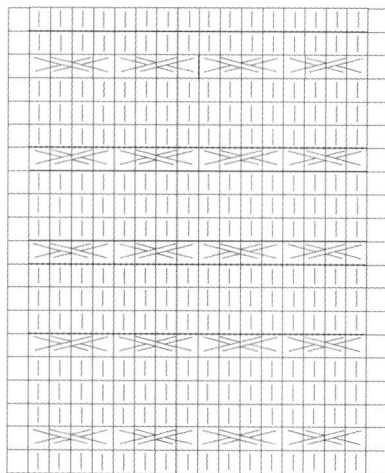

花样

本书编委会

主 编 李玉栋

编 委 宋敏姣 李 想

图书在版编目（CIP）数据

秋冬温情编织：帽子 围巾手套 / 李玉栋主编. -- 沈阳：
辽宁科学技术出版社，2015.9
ISBN 978-7-5381-9389-3

Ⅰ. ①秋… Ⅱ. ①李… Ⅲ. ①帽—编织—图集②围巾
—编织—图集③手套—编织—图集 Ⅳ.
① TS941.763.8-64

中国版本图书馆 CIP 数据核字（2015）第 188625 号

出版发行：辽宁科学技术出版社
　　　　　（地址：沈阳市和平区十一纬路 29 号 邮编：110003）
印 刷 者：长沙市雅高彩印有限公司
经 销 者：各地新华书店
幅面尺寸：170mm × 237mm
印　　张：10
字　　数：241 千字
出版时间：2015 年 9 月第 1 版
印刷时间：2015 年 9 月第 1 次印刷
责任编辑：郭 莹 湘 岳
封面设计：多米诺设计·咨询 吴颖辉 龙 欢
责任校对：合 力
版式设计：李 想

书　　号：ISBN 978-7-5381-9389-3
定　　价：39.80 元
联系电话：024-23284376
邮购热线：024-23284502